핵심만 쏙! 실무에 딱!

한 권으로 끝내는 MOS Master

MOS 2016

장소라, 김문희 공저

光文閣

www.kwangmoonkag.co.kr

머리말

MOS(Microsoft Office Specialist)는 Microsoft Office 프로그램의 활용 능력을 검증하는 국제 공인 자격증으로, 전 세계적으로 인정받고 있습니다. 이 책은 MOS 2016 자격증 취득을 위한 최신 정보와 핵심 내용을 담은 완벽 가이드입니다.

최신 출제 경향을 반영하여 더욱 완성도 높은 교재로 거듭났습니다. Word 2016 Expert, Excel 2016 Expert, PowerPoint 2016 Core, Access 2016 Core 자격증을 취득할 수 있도록 평가 항목에 맞추어 내용을 구성하였으며, 실무에서도 유용하게 사용할 수 있는 다양한 예제들을 포함하였습니다.

Word는 문서 작성과 편집, Excel은 데이터 분석과 관리, PowerPoint는 프레젠테이션 제작, Access는 데이터베이스 관리에 필수적인 프로그램입니다. 이 책은 각 프로그램의 핵심 기능을 학습할 수 있도록 구성되어 있으며, 실무에서 바로 활용할 수 있는 실제 예제들로 내용을 풍부하게 채웠습니다.

또한, 반복 학습의 중요성을 고려하여 확인 학습 문제를 추가하였으며, 이를 통해 독자들이 핵심 기능을 빠르고 쉽게 익힐 수 있도록 하였습니다. 뿐만 아니라, 실전 감각을 기르기 위한 모의고사도 함께 수록하여 자격증 취득에 실질적인 도움이 되도록 하였습니다.

이 책을 통해 MOS 2016 자격증을 성공적으로 취득하고, Microsoft Office 프로그램의 활용 능력을 한층 더 향상시키는 데 도움이 되기를 바랍니다. 감사합니다.

저자 일동

MOS(Microsoft Office Specialist) 소개

1. MOS 시험 소개

· Microsoft Office 2016 버전의 활용 능력을 검증하는 국제적인 자격인증 시험이다.

· 컴퓨터로 시행하는 CBT(Computer Based Test) 방식으로 시험을 진행하며 시험 종료 후 곧바로 시험 점수와 합격 여부를 알 수 있다.

· 이론 문제는 없으며 100% 실기로만 평가하는 시험이다.

· Microsoft사가 직접 인증함으로써 공신력과 정확성을 인정받을 수 있다.

· 현재 미국, 프랑스, 영국, 독일, 홍콩, 브라질, 멕시코 등 170여 국가의 9,500여 개 시험 센터에서 모국 언어로 시험이 시행되고 있다.

2. MOS 활용

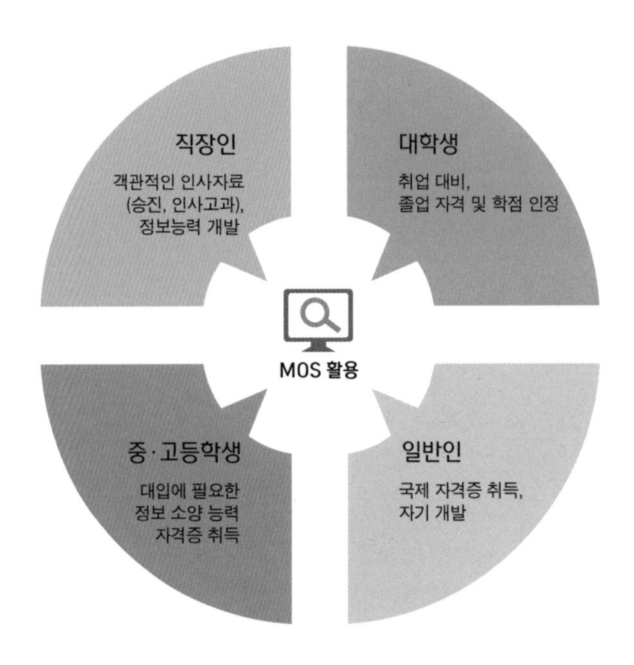

3. MOS 자격증의 종류 및 등급

LEVEL	설명	자격증 설명
MASTER	Microsoft Office 2016 버전의 응용 프로그램에 대한 활용 능력이 최고의 전문가 수준임을 증명한다.	별도의 신청 없이 Word(Expert), Excel(Expert), Powerpoint(Core)는 필수 취득하고, Access (Core), Outlook(Core)는 선택으로 1과목을 취득하여 총 4개의 자격증을 취득하면 Master 자격증이 추가로 자동 발급된다.
EXPERT (상급)	Microsoft Office 2016 버전 중에서 특정 응용 프로그램의 활용 능력이 전문가 수준임을 증명한다.	• MS Word 2016 Expert • MS Excel 2016 Expert
CORE (일반)	Microsoft Office 2016 버전의 특정 응용 프로그램의 활용 능력이 능숙한 수준임을 증명한다.	• MS Word 2016 Core • MS Excel 2016 Core • MS PowerPoint 2016 Core • MS Access 2016 Core • MS Outlook 2016 Core

4. 시험 시간 및 합격 점수

시험 과목	시험 시간	기준 점수	합격 점수	출제 방식
Word 2016 Core/Expert	50분	1,000점	700점 이상	• 7개 내외 소규모 프로젝트 단위로 출제 • 프로젝트별로 4~7 문항 출제
Excel 2016 Core/Expert				
PowerPoint 2016 Core				
Access 2016 Core				
Outlook 2016 Core				

목차

1장 Word 2016 Expert 9

2장 Excel 2016 Expert 65

3장 Powerpoint 2016 CORE

4장 Access 2016 CORE

MOS

1장
Word 2016 Expert

Word 2016 Expert 시험 평가 항목

Word 2016 Expert 시험 평가 항목
[시험 시간 50분 / 합격 점수 1,000점 중 700점 이상 합격]

Skill Set	시험 구성
문서 관리 및 공유	• 여러 문서 및 템플릿 관리 • 문서 변경 내용 관리 • 검토용 문서 준비
고급 문서 디자인	• 고급 서식 적용과 수정 • 고급 스타일 적용
고급 참조 만들기	• 색인 만들기 및 관리 • 참조 만들기 및 관리 • 양식 필드 및 편지 병합 작업 관리
사용자 지정 Word 요소 만들기	• 블록, 매크로, 콘텐츠 컨트롤 만들기와 수정 • 사용자 스타일 및 템플릿 만들기 • 국제화 및 접근성을 위한 문서 준비

Word 2016 시작 및 화면 구성

1. Word 2016 시작 화면

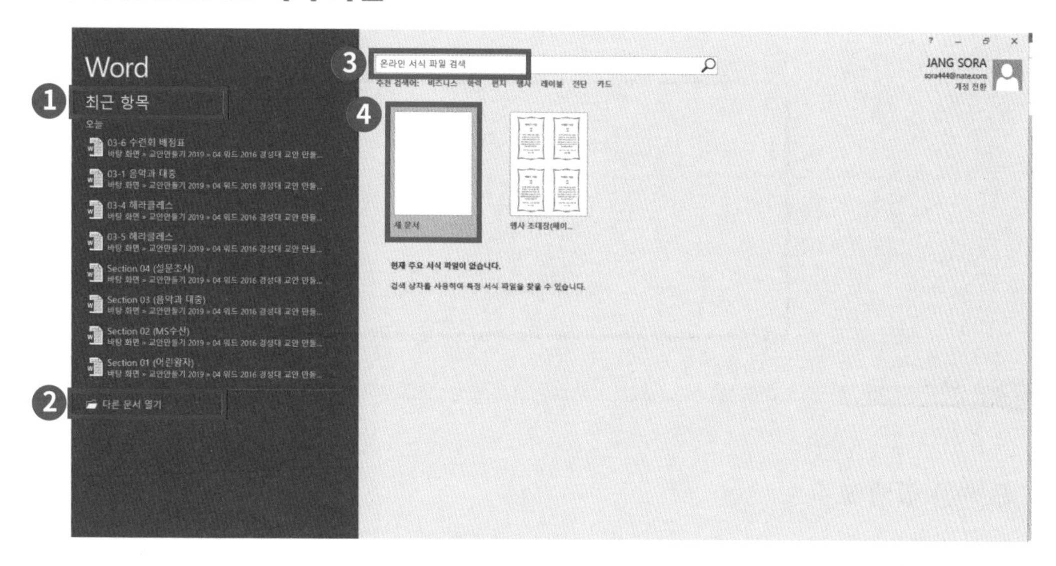

❶ 최근 항목: 최근에 사용한 파일 목록에서 Word 문서를 불러오기 합니다.

❷ 다른 통합 문서 열기: 다른 경로의 Word 문서를 불러오기 합니다.

❸ 예제 서식 파일: 온라인 서식 파일 및 테마를 검색하여 새 Word 문서를 작성할 수 있습니다.

❹ 새 통합 문서: 기본 서식으로 새 Word 문서를 시작합니다.

TIP

시작 화면 표시 및 표시하지 않기

Word 문서를 시작할 때 위의 이미지와 같은 시작 화면을 표시하지 않고 새 Word 문서가 바로 열리도록 합니다.

파일 - 옵션 - 일반

☐☑ 이 응용 프로그램을 시작할 때 시작 화면 표시

2. Word 2016 화면 구성

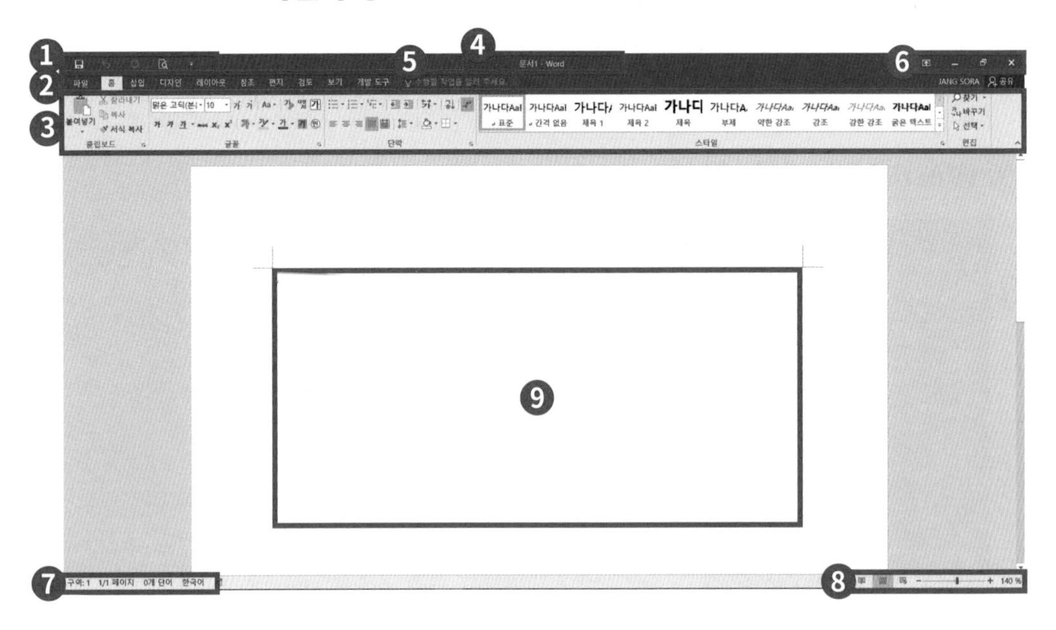

❶ 빠른 실행 도구

자주 사용하는 기능을 빠른 실행 도구 모음에 고정시켜 두고 편리하게 사용합니다. 필요에 따라 사용자가 추가, 삭제할 수 있습니다.

❷ 메뉴 탭

해당 탭을 클릭하면 유사한 기능으로 묶여 있는 각 탭의 하위 그룹 목록을 나타냅니다. 파일, 홈, 삽입, 디자인, 레이아웃, 참조, 편지, 검토, 보기 메뉴를 기본적으로 나타내고 있으며, 사용자의 필요에 따라 추가로 메뉴를 표시하거나 표시 해제를 설정할 수 있습니다. 개발도구 탭은 기본으로 표시되지 않기 때문에 사용자가 표시되도록 설정해야 합니다.

❸ 리본 메뉴

메뉴를 직관적으로 확인하고 필요한 메뉴 버튼을 클릭해서 바로 실행할 수 있게 합니다.

❹ 제목 표시줄

현재 작업 중인 문서의 제목을 표시합니다.

❺ 텔미

작업 시 필요한 키워드를 입력하면 관련 워드 기능, 도움말, 스마트 조회 창을 열 수 있습니다.

❻ 창 조절 버튼

문서 창 닫기, 최소화, 최대화, 그리고 이전 크기로 복원할 때 사용합니다.

❼ 상태 표시줄

현재 작업 중인 영역의 구역, 페이지 위치, 단어 수, 입력 언어, 삽입/겹쳐 쓰기 등에 관한 상태 정보를 표시합니다. 상태 표시줄에서 마우스 오른쪽 버튼을 클릭하여 사용자가 정보를 추가하거나 제거할 수 있습니다. 상태 표시줄에서 마우스를 클릭하면 구역이나 페이지 이동을 편리하게 할 수 있습니다.

❽ 보기 표시줄 및 확대/축소 컨트롤

보기 표시줄의 각 버튼을 이용해 화면에 표시되는 문서 방식을 변경할 수 있습니다. 읽기 모드, 인쇄 모양, 웹 모양으로 구성되어 있고 기본적으로 인쇄 모양으로 표시됩니다. 확대/축소 컨트롤의 슬라이드 바를 이용하거나 버튼을 이용하여 화면 크기를 조정합니다.

❾ 문서 입력 및 편집 창

문서의 본문을 입력하고 편집합니다.

CHAPTER 01

MOS Word 2016 Expert

파일 탭

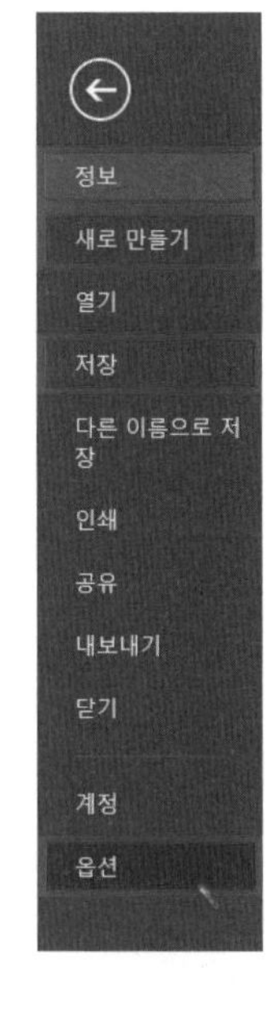

파일 탭을 클릭하면 Microsoft Office Backstage를 볼 수 있습니다. Office Backstage 보기는 숨겨진 메타데이터 또는 개인정보 만들기, 저장, 인쇄, 검사 및 옵션 설정 작업을 수행할 수 있는 파일 및 파일에 대한 데이터를 관리하는 공간입니다.

파일 탭은 이전 릴리스의 Microsoft Office에서 사용하는 Microsoft Office 단추( ) 및 파일 메뉴를 대체합니다.

SECTION 1 문서 보호

다른 사용자가 이 문서에 대한 변경할 수 있는 범위를 제어합니다. 최종본으로 표시, 암호 설정, 편집 제한, 액세스 제한, 디지털 서명 추가 등으로 구성됩니다.

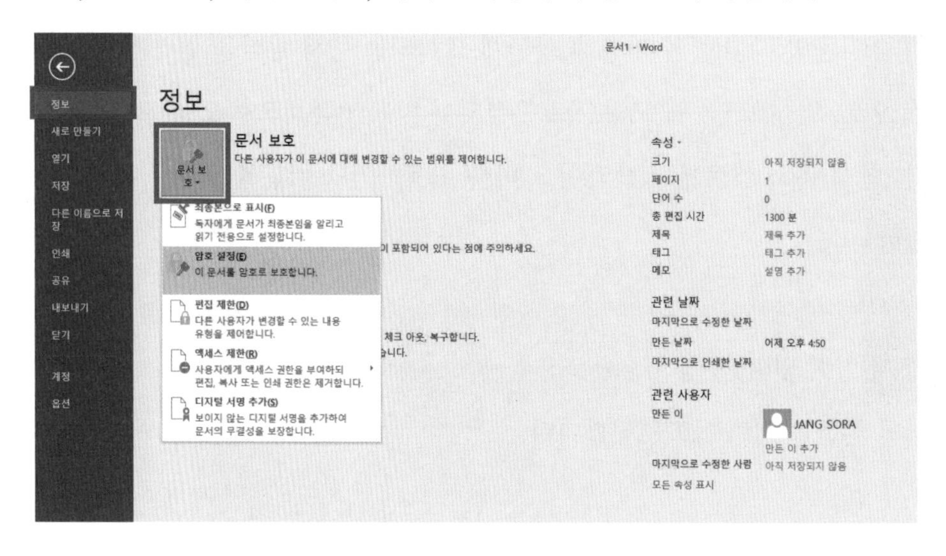

예제 문제

Q1. 현재 문서를 암호 'D@s2777'로 설정합니다.

Q2. 사용자에게 문서가 최종본임을 알리고, 읽기 전용으로 설정되도록 최종본으로 표시를 합니다.

SECTION 2 문서 속성

문서 속성은 메타데이터라고도 하며, 파일을 설명하거나 식별하는 파일에 대한 세부 정보입니다. 문서 속성에는 문서의 항목 또는 콘텐츠를 식별하는 제목, 만든 이 이름, 주제 및 키워드와 같은 세부 정보가 포함됩니다.

파일에 대한 문서 속성을 포함하면 나중에 파일을 쉽게 구성하고 식별할 수 있습니다. 또한, 속성을 기준으로 문서를 검색하거나 문서에 속성을 삽입할 수도 있습니다.

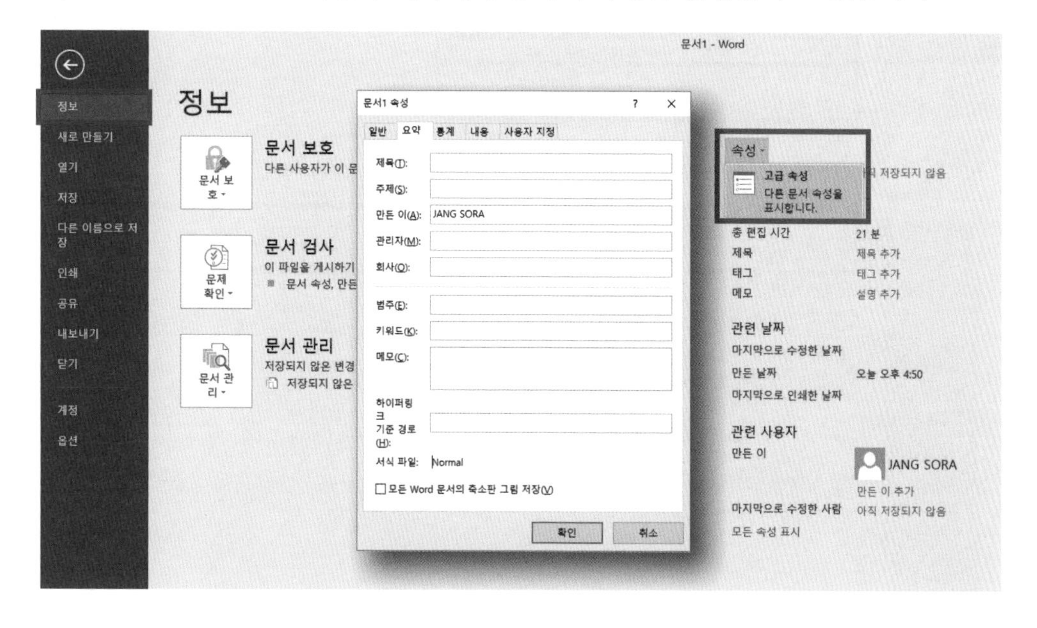

Q1. 현재 문서의 제목 및 범주 속성을 'Letter'로 설정합니다.

Q2. 기록한 사람의 값을 'JH HA'으로 사용자 지정 속성을 설정합니다.

SECTION 3 저장 옵션

[파일] - [옵션] - [저장]

Word의 저장 옵션은 문서를 작성하기 전에 미리 설정해 두면 작성할 때마다 따로 변경할 필요 없이 사용할 수 있는 편리한 기능으로 파일 형식, 저장 위치, 그리고 자동 복구 저장 간격 등이 있습니다.

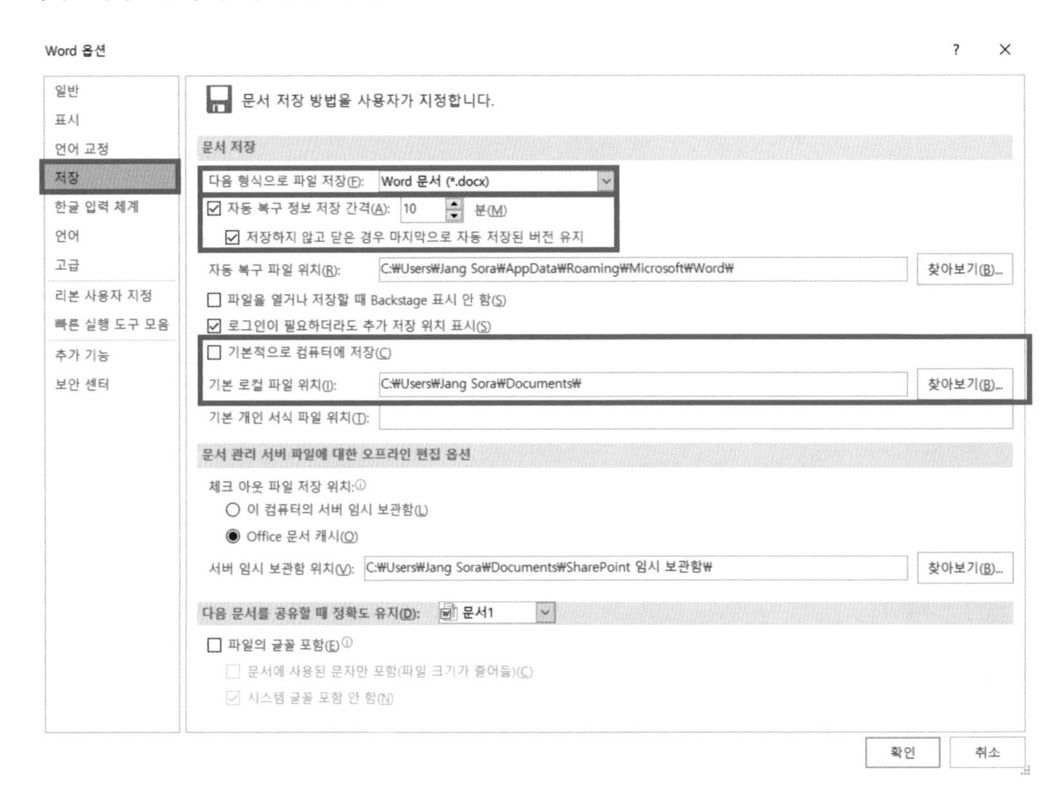

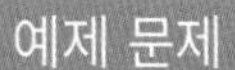

Q1. 자동 복구 정보의 저장 간격을 '20분'으로 설정합니다.

Q2. 모든 문서가 Word 문서 형식으로 저장되고, 기본적으로 문서 폴더에 저장되도록 옵션을 설정합니다.

SECTION 4 새 문서 만들기와 저장

문서는 Word 2016을 실행 화면 표시되는 시작 화면, 또는 [파일] - [새로 만들기]를 선택하여 만들 수 있습니다. 기본 서식을 사용하여 작성하는 [새 문서]와 검색 창을 이용하여 미리 만들어진 [예제 서식 파일] 문서로 작성할 수 있으며 예제 서식 파일은 '초대장', '보고서', '달력', '일정', '팩스' 등의 단어를 사용하여 검색하면 관련된 문서를 편리하게 작성할 수 있습니다.

문서의 저장은 [저장] 또는 [다른 이름으로 저장]을 사용합니다. Word 2016으로 작성한 문서를 저장하는 파일 형식에는 '97-2003 문서', '서식 파일', 'PDF / XPS' 등 다양한 형태로 변경해서 저장할 수 있습니다. [파일] - [내보내기]를 사용할 수도 있습니다.

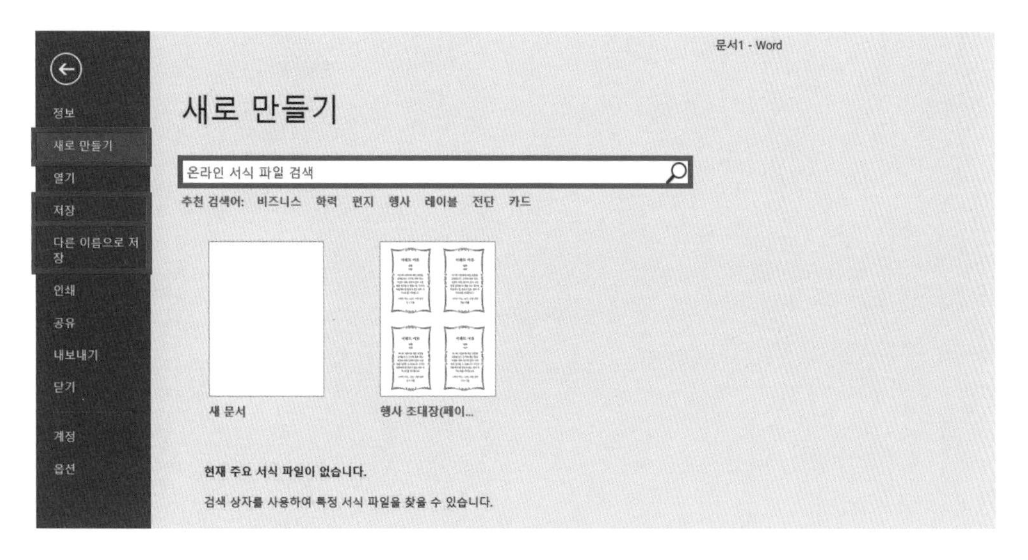

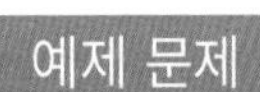

Q1. '행사 초대장(페이지당 4개)'라는 예제 서식 파일을 사용하여 새 문서를 작성하고, 머리글에 만든 이 문서 속성을 추가하시오. 그런 다음 '초대장' 이름으로 문서 폴더에 저장합니다.

Q2. 팩스 표지와 관련된 예제 서식 파일, 예를 들면 '굵은 로고 팩스 양식' 서식 파일을 사용하여 새 문서를 작성한 후, 웹페이지 형식으로 문서 폴더에 저장합니다. 저장 파일 이름은 '팩스 전송'으로 합니다.

Q3. '학생 보고서'라는 보고서 예제 서식 파일을 사용하여 새 문서를 작성한 후, Word 97-2003 문서로 저장합니다. 문서의 이름은 '보고서 작성'으로 하고 문서 폴더에 저장되도록 합니다.

<확인 학습 01>

확인 1. 자동 복구 정보의 저장 간격을 13분으로 설정합니다.

확인 2. 현재 문서를 '가을'이라는 이름의 PDF 파일 형식으로 문서 폴더에 저장하시오.

확인 3. '이력서(컬러)'라는 예제 서식 파일을 사용하여 새 문서를 작성한 후, 머리글에 제목 문서 속성을 추가하시오. 그런 다음 '이력서'라는 새로운 서식 파일로 문서 폴더에 저장하시오.

확인 4. 현재 문서의 제목 속성을 '도쿄 여행기'로 하고 관리자와 회사 속성을 'ComEdu'로, 범주와 키워드를 'travlog'로 설정하시오.

확인 5. 모든 문서가 Word 문서 형식으로 저장되고, 기본적으로 문서 폴더에 저장되도록 옵션을 설정하시오.

확인 6. 현재 문서에 'mos123'으로 암호를 설정하고, 최종본으로 표시하시오.

Word를 실행하였을 때 기본 설정된 탭으로 글꼴, 단락, 스타일 등의 작업을 이용하여 텍스트 편집과 서식 설정을 할 수 있습니다.

SECTION 1 글꼴

문서에 입력된 내용의 글꼴, 글꼴 크기, 글꼴 색, 문자 간격, 그리고 글꼴 스타일 등을 설정할 수 있습니다. [글꼴] 그룹에서 나타나지 않는 자세한 설정은 대화상자 표시 버튼을 선택하여 사용할 수 있으며 자주 사용하는 글꼴 서식은 기본값으로 설정해 두고 사용하면 편리합니다.

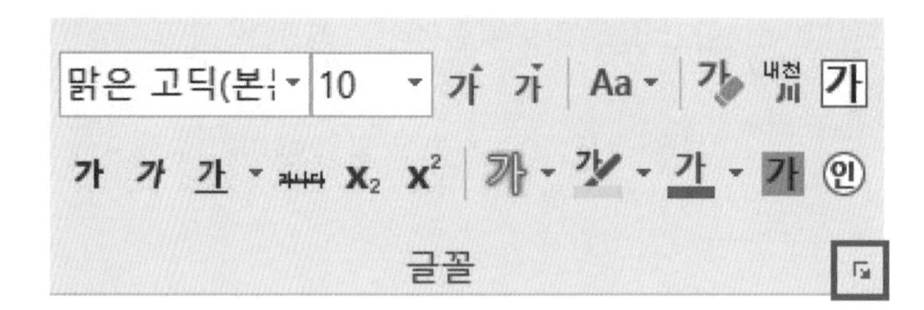

예제 문제

Q1. 이 문서에 대해서만 글꼴 크기 '12pt'의 '파랑, 강조 1, 25% 더 어둡게' 색으로 기본 글꼴을 설정합니다.

Q2. 문서의 제목 '우리 고장 일보' 텍스트에 글꼴 'HY견고딕', 크기 '24pt', 글꼴 색 '파랑 강조 1', 문자 간격 '넓게 3.2pt'로 설정합니다.

SECTION 2 단락

Word에서 사용되는 단위는 글자 → 단어 → 줄 → 단락이 있으며, 단락은 Enter 키를 눌러 나누어지는 문단과 같은 개념이고 단락 기호(↵)가 표시됩니다. 단락 기능으로는 글머리 기호, 줄 간격, 맞춤, 줄 및 페이지 나누기 등이 있습니다.

예제 문제

Q1. 'MS 수산으로 여러분을 초대합니다.' 단락에 오른쪽 맞춤, 줄 간격 '2.0', 단락 앞 '18pt'가 되도록 설정합니다.

Q2. '대표이사 인사말' 텍스트 아래의 두 번째 단락이 줄 간격 '24pt'로 고정되도록 설정합니다.

Q3. 5페이지 '지원 자격'에 있는 글머리 기호 목록 중, 마지막 한 개의 항목을 '지원 방법' 글머리 기호 목록 아래의 마지막 항목으로 이동시킵니다. 이동한 글머리 기호는 '지원 방법'의 서식과 같아야 합니다. 빈 글머리 기호는 삭제합니다.

Q4. '전산부' 단락이, 다음에 오는 단락과 항상 같은 페이지에 오도록 설정합니다. 페이지 나누기는 사용하지 마십시오.

SECTION 3 스타일

신속하고 편리하게 문서 전체에 일관성 있는 서식을 적용하려면 스타일을 사용할 수 있습니다.

새 스타일 만들기, 기존 스타일 수정하기, 현재 문서에 스타일 적용하기, 다른 파일에서 스타일 복사해 오기, 현재 파일의 스타일을 내보내기 등을 사용할 수 있습니다. 스타일 갤러리에서 스타일이 적용된 텍스트를 선택(블록 설정)할 수도 있습니다.

가나다Aal ↵ 표준 | 가나다Aal ↵ 간격 없음 | 가나다 제목 1 | 가나다Aal 제목 2 | 가나다 제목 | 가나다A 부제 | 가나다Aa 약한 강조 | 가나다Aa 강조 | 가나다Aa 강한 강조 | 가나다Aal 굵은 텍스트

스타일

예제 문제

Q1. 1페이지 제목 단락 아래에 있는 '『음악과 시』'로 시작하는 단락을 사용하여 '작은 제목'이라는 이름의 새 스타일을 만듭니다.

Q2. '본문 서식 2'라는 새 스타일을 만듭니다. 스타일 기준은 표준으로 하고 기울임꼴 텍스트 및 가운데 맞춤을 사용합니다.

Q3. <Q2>에서 작성한 '본문 서식 2'라는 스타일을 '1. 전당 속의 음악' 단락 아래에 있는 두 개의 단락에 적용합니다.

Q4. 소제목 스타일이 적용된 모든 항목을 찾아 '강한 인용' 스타일로 변경합니다.

Q5. 제목 스타일 글꼴을 44pt, 글꼴 색을 '바다색, 강조 5, 50% 더 어둡게' 색으로 수정합니다.

Q6. <Q1>에서 작성한 '작은 제목' 스타일을 삭제합니다.

Q7. Normal.dotm에서 'section 03(음악과 대중).docx'로 표준이라는 스타일을 복사합니다. 기존 스타일 항목인 표준을 덮어씁니다.

SECTION 4 바꾸기

바꾸기 기능을 이용하여 텍스트 바꾸기, 텍스트의 서식 바꾸기, 옵션을 사용한 다양한 기호 넣기 등을 할 수 있습니다.

예제 문제

Q1. 현재 문서에서 모든 '대화' 텍스트를 찾아서 '대화(對話)'로 바꾸기 합니다.

Q2. 문서 전체에서 모든 하이픈(-)을 En 대시로 바꿉니다.

Q3. 문서 전체에 있는 모든 '상황' 텍스트의 글꼴 색을 '빨강'으로 변경합니다. 바꾸기 기능을 사용합니다.

<확인 학습 02>

확인 1. '차세대 산업 RFID' 제목 텍스트에 '제목' 스타일을 적용하시오.

확인 2. 다음과 같은 속성의 '섹션 제목'이라는 새 스타일을 만드시오.

- 스타일 형식: 단락
- 스타일 기준: 표준
- 스타일 서식: 음영(주황, 강조 6, 60% 더 밝게), 오른쪽 정렬, 굵게

확인 3. 'A, RFID의 역사'라는 번호 목록의 단락 스타일을 사용하여 '소제목'이라는 이름의 새 스타일을 만들고, 나머지 번호 목록에 '소제목' 스타일을 적용하시오.

확인 4. '제목 1' 스타일을 수정하여 글꼴 크기 13pt, 글꼴 색 '바다색, 강조 5'로 변경하고 텍스트를 가운데 맞춤하시오.

확인 5. 'Word' 스타일이 적용된 항목을 모두 찾은 후 'Word 2' 스타일로 변경하시오.

확인 6. 현재 문서의 'Word'라는 스타일을 삭제하시오.

확인 7. Normal.dotm의 '표준' 스타일을 현재 문서로 복사하고 스타일을 덮어쓰시오.

확인 8. 현재 문서에만 기본 글꼴을 Arial, 12pt, 진한 파랑으로 설정하시오.

확인 9. '하지만 이 글의 숨은 뜻을 보면' 텍스트가 있는 단락이 첫 줄이나 마지막 줄이 분리되지 않도록 설정하시오. 페이지 나누기는 사용하지 마시오.

확인 10. 2페이지 '사용상의 주의 사항' 단락 아래에 있는 번호 매기기 목록의 마지막 항목을 3페이지 '보관 및 취급상의 주의 사항' 단락 아래의 마지막 글머리 기호 항목으로 이동하시오. 이동한 글머리 기호는 3페이지의 글머리 기호 및 서식과 같아야 합니다. 이동한 후 빈 글머리 기호는 삭제하시오.

확인 11. 현재 문서에 있는 모든 하이픈(-)을 찾아 Em 대시로 바꾸시오.

확인 12. '표준' 스타일을 변경하여, 다음 단락의 스타일이 '본문 첫 줄 들여쓰기'가 되도록 설정하시오.

확인 13. 전체 문서에 페이지 매김을 '현재 단락을 나누지 않음'으로 설정하시오.

CHAPTER 03

MOS Word 2016 Expert

삽입 탭

Word 문서에 표지, 표, 그림, 도형, 차트, 머리글/바닥글, 페이지 번호, 텍스트 상자, 빠른 문서 요소, 개체, 수식 등을 삽입할 수 있도록 구성되어 있습니다. 각각의 기능에 잘 만들어진 갤러리가 있어서 사용자가 아주 편리하게 사용할 수 있으며, 필요에 따라 갤러리에 추가/제거할 수도 있습니다.

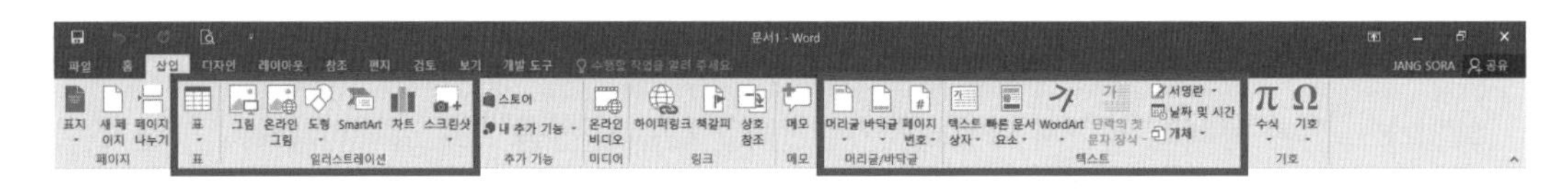

SECTION 1 표 및 그림

표: 복잡한 내용이나 수치를 내용 파악이 편리하도록 표로 만들 수 있습니다. 탭 또는 콤마로 구분하여 작성된 텍스트를 표로 빠르게 변환할 수 있습니다. [삽입] - [표] - [텍스트를 표로 변환...]을 사용하면 됩니다. 표 속성 대화상자를 이용하여 표, 행, 열, 셀, 대체 텍스트 기능을 사용할 수도 있습니다.

그림: 그림 파일의 형식에는 PNG, JPG, GIF, BMP, TIF 등이 있으며, 그림을 삽입한 후 [그림 도구]의 [서식] 메뉴를 이용하여 그림의 꾸밈 효과, 그림 스타일, 그림의 크기 등 다양하게 조정할 수 있습니다.

<그림 도구>

<표 도구> - <디자인>

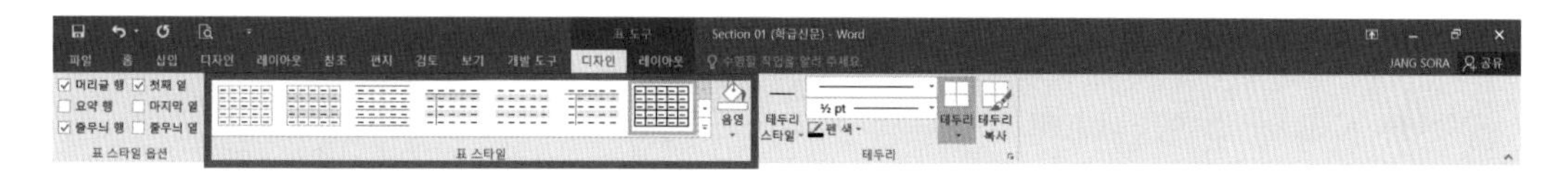

<표 도구> - <레이아웃>

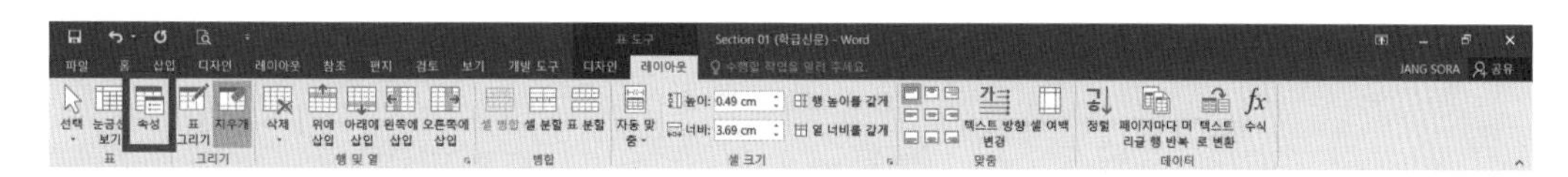

예제 문제

Q1. '그림 1'이라는 캡션이 지정된 그림에, 대체 텍스트의 제목을 '연금술사'로 입력합니다.

Q2. 2페이지 제목 단락 오른쪽에 첨부 폴더에 있는 '소문내기.png' 이미지를 삽입합니다.

Q3. '이달의 행사 및 기념일' 단락 아래에 있는 이미지에 '사각형 가운데 그림자' 스타일과 '플라스틱 워프' 꾸밈 효과를 설정합니다.

Q4. 문서의 마지막에 3열, 4행의 표를 삽입하고 열머리 글에 '반', '이름', '소문내기' 텍스트를 차례로 입력합니다. 삽입된 표에 '눈금표 1 밝게 - 강조색 1' 스타일을 적용합니다.

Q5. <Q4>에서 삽입된 표를 '80%' 너비로, '가운데 맞춤' 되도록 하고, 대체 텍스트는 '소문내기 표'로 설정합니다.

SECTION 2 빠른 문서 요소

빠른 문서 요소 갤러리를 만들고, 저장 및 다시 사용 가능한 콘텐츠를 포함하여 상용구, 문서 속성(예: 제목 및 만든이) 및 필드를 사용할 수 있습니다. 이러한 다시 사용할 수 있는 콘텐츠 블록은 문서 블록이라고도 합니다. 상용구는 일반적인 유형의 텍스트와 그래픽을 저장하는 문서 블록입니다. 찾거나 문서 블록을 편집하는 문서 블록 구성 도우미를 사용할 수 있습니다.

문서 블록으로 저장할 수 있는 갤러리로는 표지, 표, 머리글, 바닥글, 텍스트 상자 등 다양하게 구성되어 있으며, 사용자는 갤러리에 등록된 다양한 형태의 요소를 아주 편리하고 쉽게 삽입할 수 있습니다.

예제 문제

Q1. 1페이지에 있는 이미지를 빠른 문서 요소의 문서 블록으로 저장합니다. '집 이미지'라는 이름을 사용합니다.

Q2. 1페이지의 그림 아래에 있는 '채만식' 텍스트 단락을 문서 블록으로 머리글 갤러리에 저장합니다. 모든 기본 설정을 적용합니다.

Q3. 1페이지 '사람은 집에서 나고'라는 텍스트가 포함된 단락을 텍스트 상자 갤러리에 문서 블록으로 저장합니다. 이름은 '집의 의미'로 하고 '사용자' 범주를 사용합니다.

Q4. 문서의 마지막 페이지에 있는 'yoy & jsr'이라는 Author 필드의 형식을 대문자로 설정합니다.

Q5. 문서의 처음에 위치한 '채만식' 텍스트 아래에 SaveDate 필드를 삽입합니다. yyyy년 M월 d일 날짜 형식을 사용합니다.

Q6. 문서의 마지막에 있는 "현재 날짜: '텍스트 오른쪽 위치에 현재 날짜를 나타내는 Date 필드를' yyyy년 M월" 형식을 사용하여 삽입합니다.

SECTION 3 개체

작성 중인 Word 문서에 여러 가지 개체(예: PDF 파일, Excel 차트, 워크시트 또는 PowerPoint 프레젠테이션)를 연결하거나 포함하여 삽입할 수 있습니다. 개체를 삽입하려면 [삽입] - [개체]를 클릭합니다.

Q1. 첨부 폴더에 있는 '집.docx' 파일을 '글 쓰기' 윗줄에 삽입합니다. '집.docx' 파일에 적용된 수정 사항이 자동으로 이 문서에 반영되도록 파일을 연결합니다.

Q2. 문서의 마지막 위치에 첨부 폴더에 있는 '집.xlsx' 파일을 아이콘 형태로 연결하여 삽입합니다.

<확인 학습 03>

확인 1. 'MS 수산 역사' 표의 너비를 80%로 가운데 맞춤으로 설정하고 '역사 기록'을 대체 텍스트로 추가하시오.

확인 2. '1. HTML의 전체 구조' 아래 그림에 '구조 설명'이라는 대체 텍스트 제목을 추가하시오.

확인 3. 제목 텍스트 아래에 '단풍.png'를 삽입하고, '원근감 있는 그림자, 흰색' 그림 스타일을 적용하시오.

확인 4. 1페이지에 삽입된 텍스트 상자 오른쪽에 새로운 텍스트 상자를 삽입하고, 두 텍스트 상자를 연결하시오.

확인 5. 현재 문서의 1페이지에 있는 제목 텍스트를 문서 블록으로 저장하시오. 문서 블록의 이름은 '머리글 제목'으로 설정하고 머리글 갤러리에 저장하시오. 그런 다음 이 문서 블록을 문서에 머리글로 삽입하시오.

확인 6. '1. HTML의 전체 구조' 아래 그림을 빠른 문서 요소의 문서 블록으로 저장합니다. '구조 설명'이라는 이름을 사용합니다.

확인 7. '양식.docx' 파일을 문서의 맨 끝에 삽입하시오. '양식.docx' 파일에 변경된 사항이 자동으로 현재 문서에 업데이트되도록 파일을 연결하시오.

확인 8. 확인 학습 폴더에 있는 '장기 순위 결정전.docx'에 포함된 내용을 '순위 결정전' 단락 아래에 삽입하여 연결합니다.

확인 9. 문서 맨 끝에 있는 'jang'라는 UserName 필드의 형식을 대문자로 설정하시오.

확인 10. 문서의 맨 위에 '날짜:' 텍스트 오른쪽에 SaveDate 필드를 삽입합니다. yyyy/M/d 날짜 형식을 사용합니다.

확인 11. 'First_Name' 필드의 형식을 첫글자 대문자로 설정합니다.

CHAPTER 04

MOS Word 2016 Expert

디자인 탭

테마, 워터마크, 페이지 색, 페이지 테두리 등을 적용하여 Word 문서를 시각화된 다양한 서식으로 작성할 수 있도록 합니다.

SECTION 1 테마

테마를 적용하여 전체 문서의 서식을 빠르게 지정하고, 세련되고 전문적으로 보이게 합니다. 테마는 테마 색, 테마 글꼴, 테마 효과 등으로 세분화하여 수정할 수 있으며, 각각의 저장 기능을 사용하여 저장해 두고 사용할 수도 있습니다.

예제 문제

Q1. 제목 글꼴을 '궁서체'로 설정하여 '흘림 글씨'라는 이름의 새 테마 글꼴을 만듭니다.

Q2. 현재 색 설정에 따라 '링크하기'라는 이름의 사용자 지정 색을 만듭니다. 하이퍼링크 테마 색은 '파랑, 하이퍼링크, 50% 더 어둡게'로 변경합니다.

Q3. 테마 색의 '강조 1' 색상을 '빨강'으로 설정하고 'Red'라는 이름의 새로운 테마 색을 생성한 후, 현재 테마를 테마 폴더에 '강한 레드'라는 이름으로 저장합니다.

SECTION 2 페이지 배경

문서에 추가적인 시각적 요소를 더하려면 페이지 색 기능으로 배경색을 변경합니다. 문서의 특징을 배경에 표시하는 워터마크를 추가할 수도 있습니다.

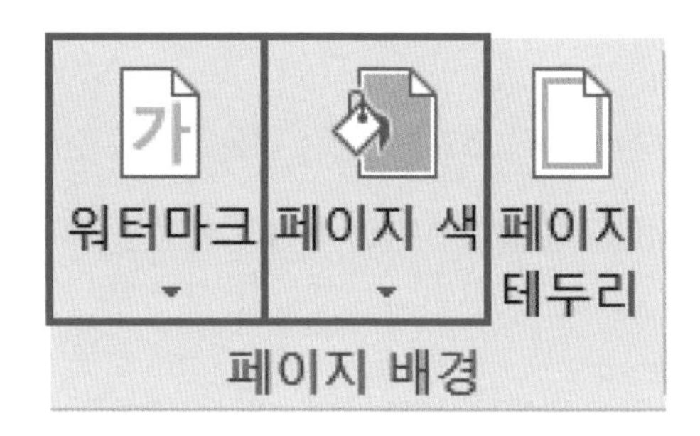

예제 문제

Q1. 페이지의 배경색을 RGB '230', '255', '255'으로 설정합니다. 현재 문서를 '푸르름'이라는 이름의 사용자 지정 테마로 문서 폴더에 저장합니다.

Q2. 'Calendar' 텍스트를 사용하여 크기는 105, 색은 '바다색, 강조 5, 25% 더 어둡게'인 사용자 지정 워터마크를 삽입합니다. 나머지 설정은 그대로 유지합니다.

<확인 학습 04>

확인 1. 테마 색의 '강조 1' 색상을 '자주'로 설정하고 'MOA Coffee'라는 이름의 새로운 테마 색을 생성합니다.

확인 2. 'influ' 텍스트를 사용하여 크기는 '90', 색은 '주황, 강조 5, 25% 더 어둡게'인 사용자 지정 워터마크를 삽입하시오. 나머지 설정은 그대로 유지하시오.

확인 3. 현재 문서의 페이지 배경색을 RGB '255, 204, 204'로 설정하시오.

확인 4. 제목 글꼴을 '궁서체'로 설정하여 '제목 궁서'라는 이름의 새 테마 글꼴을 만듭니다. 현재 문서를 '창간호'라는 이름의 사용자 지정 테마로 테마 폴더에 저장합니다.

CHAPTER 05

MOS Word 2016 Expert

레이아웃 탭

페이지 설정과 관련된 기능들로 페이지 여백, 용지 방향 및 크기, 단 설정, 페이지 나누기 등의 명령들로 구성되어 있습니다.

SECTION 1 페이지 설정

문서의 여백, 용지 방향, 용지의 크기, 단 설정, 나누기 기능이 있습니다. 나누기 기능으로는 페이지 나누기, 단 나누기, 구역 나누기 등을 할 수 있으며, 여기서 구역 나누기는 한 문서 안에서 서로 다른 다양한 형태(예를 들면, 용지의 방향을 서로 다르게)로 구성할 수 있게 해 줍니다.

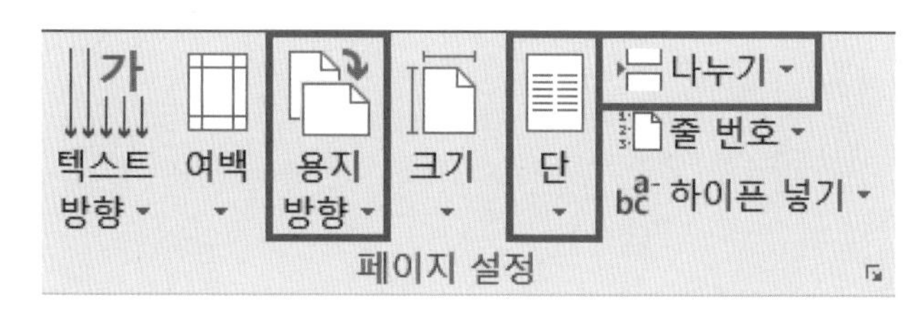

예제 문제

Q1. 1페이지 '2. 끝을 생각하고 시작하라' 텍스트가 있는 단락 앞에서 페이지 나누기를 실행합니다.

Q2. 3페이지 '이미지 보여 주기' 단락의 첫 부분에서 '다음 페이지부터' 구역 나누기 기능을 실행합니다. 그런 다음 현재 구역(2구역)에서 용지 방향을 '가로'로 설정합니다.

Q3. 5페이지 '5. 먼저 이해하고, 다음에 이해시켜라' 단락의 첫 부분에서 구역 나누기 '이어서' 적용합니다.

Q4. 마지막 페이지 '글을 마치며' 텍스트 아래 단락을 3단으로 설정합니다.

<확인 학습 05>

확인 1. ‘구역 2’에만 문자 간격을 넓게 ‘1.3pt’로, 줄 간격을 ‘16.5pt’로 고정되도록 적용하시오.

확인 2. 문서에 하이픈을 자동으로 넣도록 옵션을 설정하시오.

확인 3. ‘본인은 상기 서약서의 내용을’로 시작하는 단락 첫 부분에서 ‘이어서’ 구역 나누기를 실행하시오.

CHAPTER 06

MOS Word 2016 Expert

참조 탭

문서의 내용에 대한 참고·관리를 유용하게 활용할 수 있는 기능으로 목차, 색인, 그림이나 표 등의 캡션, 그리고 관련 근거 목차 기능 등으로 구성되어 있습니다.

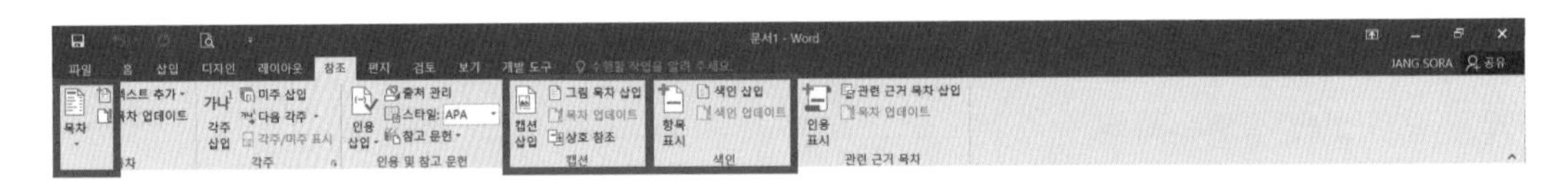

SECTION 1 목차

문서의 스타일 기능을 이용하여 목차를 만들 수 있으며, 목차에서 본문으로 이동되는 하이퍼 링크 기능이 목차에 포함되어 있습니다. 본문의 수정이나 스타일 수정·적용을 한 후에는 목차 업데이트 기능으로 쉽게 수정 가능합니다.

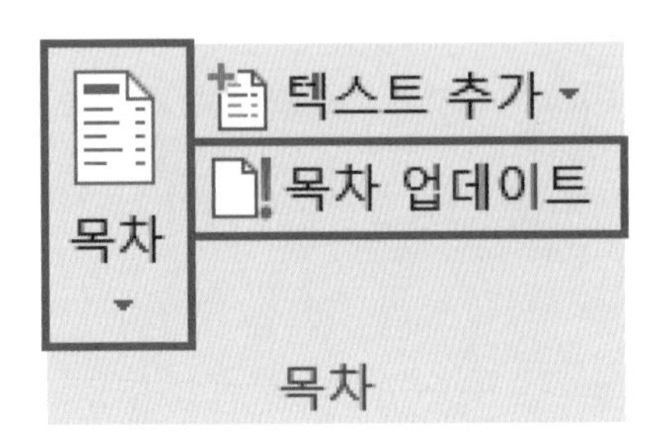

Q1. '-목차-' 텍스트 아래 단락에 다음과 같은 수준을 표시하는 '장식형' 서식의 목차를 삽입합니다.

⇨ 제목 1: 수준 1 제목 2: 수준 2 제목 3: 수준 3

Q2. 목차가 제목 2 수준까지만 표시되도록 수정합니다.

⇨ 제목 1: 수준 1 제목 2: 수준 2

Q3. 아래의 내용대로 수정한 후 목차를 업데이트합니다.
- '1. HTML 구조' 텍스트를 '1. HTML의 전체 구조'로 수정합니다.
- '2. 여러 종류의 태그들' 단락 앞에서 페이지 나누기를 실행합니다.

SECTION 2 캡션, 그림 목차

캡션 삽입은 그림 또는 표에 개체에 대한 설명이나 제목을 표시해 주는 기능입니다. 추가된 캡션을 이용하여 그림 목차를 만들 수도 있습니다.

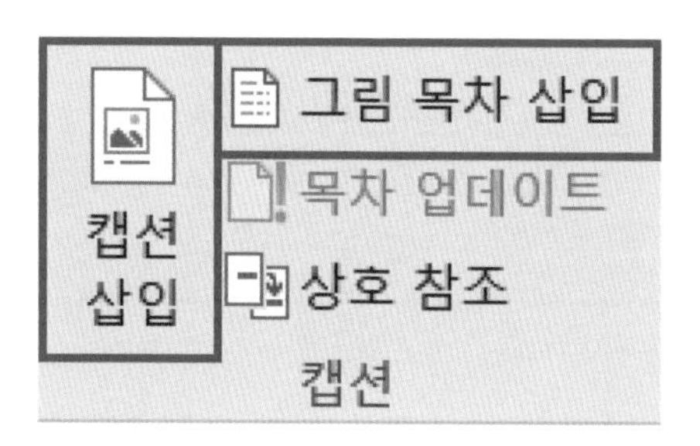

예제 문제

Q1. 6페이지 가장 아래에 있는 그림 아래에 '그림 18-쇼핑 거리'라는 캡션을 삽입합니다. 텍스트 '그림 18'이라는 텍스트가 자동으로 추가됩니다.

Q2. 7페이지에 있는 그림 위에 '그림 19-시부야역'이라는 캡션을 삽입합니다.

Q3. 문서의 마지막에 있는 '그림 목록' 제목 아래에 그림 목차를 추가합니다. 기본 설정값을 사용하십시오.

SECTION 3 색인

색인은 문서에 나온 용어, 항목을 해당 사항이 나와 있는 페이지와 함께 목록으로 만든 것입니다. 색인을 만들려면 문서에서 주 항목 이름과 상호 참조를 지정하여 색인 항목을 표시한 다음 색인을 작성합니다. 색인을 작성한 후에는 색인 업데이트 기능을 이용하여 색인을 수정·편집할 수 있습니다.

예제 문제

Q1. 문서의 처음에 나오는 '권리' 텍스트를 색인 항목으로 지정합니다.

Q2. 제목 단락 아래에 있는 모든 '배포' 텍스트를 색인 항목으로 지정합니다.

Q3. 문서의 마지막 '색인' 제목 아래에 현대형 서식을 사용하는 색인을 삽입합니다. 페이지 번호를 오른쪽에 맞춥니다. 단의 개수는 2로 합니다.

Q4. 1페이지 제목에 있는 '저작권법' 텍스트를 색인 항목으로 지정하고, 또한 '저작자'라는 색인에 모든 항목이 색인 항목으로 지정되도록 합니다.

Q5. 수정된 모든 색인 항목이 표시되도록 색인을 업데이트합니다.

<확인 학습 06>

확인 1. '목차' 텍스트 아래 단락에 다음과 같은 수준을 표시하는 '정형' 서식의 목차를 삽입하시오.

⇨ 제목 1: 수준 1　　제목 2: 수준 2　　제목 3: 수준 3

확인 2. 목차가 제목2 수준까지만 표시되도록 수정하시오.

확인 3. '파래소 폭포' 텍스트 아래에 있는 그림 아래에 '그림 12-파래소 폭포'라는 캡션을 삽입하시오. ('그림 12' 텍스트는 자동으로 표시됨)

확인 4. 마지막 페이지에 있는 '그림 목차' 제목 아래에 '장식형' 서식을 가진 그림 목차를 삽입하시오. 나머지 설정은 모두 그대로 유지하시오.

확인 5. '퀴즈 퀴즈' 섹션의 표 위에 '표 1-낱말 퀴즈'라는 캡션을 추가하시오. ('표 1' 텍스트는 자동으로 추가됨)

확인 6. 현재 문서에 처음으로 표시되는 '사용자' 텍스트에 색인 항목을 추가하시오.

확인 7. 현재 문서 끝에 'INDEX' 텍스트 아래에 '꾸밈형' 서식의 색인을 삽입하시오. 색인의 페이지 번호는 오른쪽으로 정렬되고 단의 개수를 1로 설정하시오.

확인 8. '사용자'라는 텍스트의 모든 항목이 표시되도록 색인을 업데이트하시오.

CHAPTER 07

MOS Word 2016 Expert

편지 탭

Word 문서를 다른 응용 프로그램 문서와 병합해 주는 기능으로 편지 병합, 레이블 병합, 봉투 병합 등을 수행할 수 있으며, 새 봉투 및 새 레이블 만들기 기능도 있습니다.

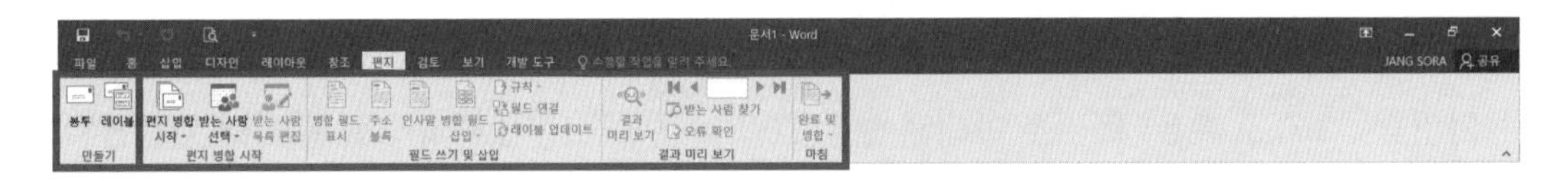

SECTION 1 편지 병합

작성한 Word 문서를 여러 사람에게 발송할 때 유용한 기능으로 Word 문서의 내용에 받는 사람 목록으로 선택된 파일의 내용을 필드로 추가하여 문서의 일부분(예를 들어, 이름, 전화번호)만 결합하여 작성합니다.

받는 사람 선택은 새롭게 목록을 입력하여 저장하는 새 목록 입력, 이미 작성되어 있는 파일을 사용하는 기존 목록 사용, E-Mail 연락처를 사용하는 Outlook 연락처에서 선택이 있습니다.

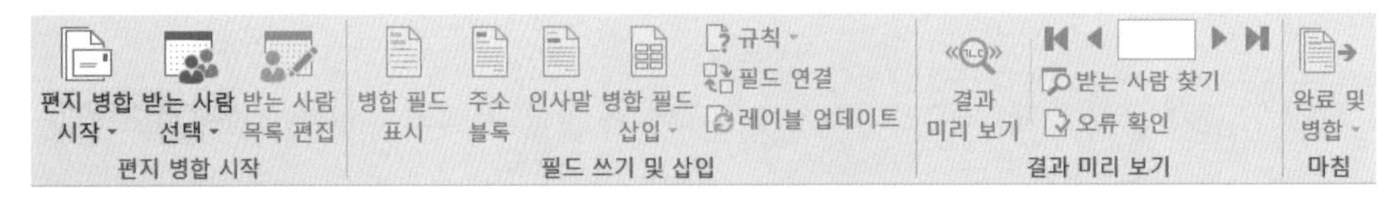

파일 불러오기	문제마다 파일을 새로 불러와서 실습합니다.

예제 문제

Q1. 현재 문서로 편지 병합을 시작합니다. [첨부] 폴더의 '수강생 명단.xlsx' 파일을 받는 사람 목록으로 입력하고, '이름'과 '수강 과목' 필드를 각각의 텍스트 오른

쪽에 삽입합니다. 결과 미리 보기를 사용한 후 개별 문서를 편집해 병합을 완료하고 내 문서 폴더에 '교육센터 안내장' 파일 이름으로 저장합니다.

Q2. 표의 각 위치에 해당 필드가 표시되도록 편지 병합을 합니다. [첨부] 폴더의 '참가자 목록.docx' 파일을 받는 사람 목록으로 입력합니다. 병합 결과를 미리보기 합니다.

Q3. A-ONE 레이블 제조 회사의 A-ONE 28173 제품 번호를 사용하여 레이블 병합을 시작하시오. [첨부] 폴더의 '수강생 리스트.xlsx' 파일을 받는 사람 목록으로 사용하고, 레이블의 각 행에 '수강과목', '반', '이름' 필드를 추가하고 병합 결과를 미리보기 합니다.

Q4. 성이 '김'이고 이름이 '민수'인 새로운 받는 사람 목록을 만듭니다. 이 주소 목록을 내 데이터 원본 폴더에 '수상자 명단'으로 저장합니다.

SECTION 2 레이블 만들기

Word 문서를 다른 문서와 병합하는 것이 아니라, 새 레이블 창에서 직접 내용을 입력함으로써 동일한 내용의 반복으로 레이블을 구성하는 것입니다. 동일한 내용의 텍스트를 여러 개의 레이블에 나타내어 출력할 경우 유용한 기능입니다.

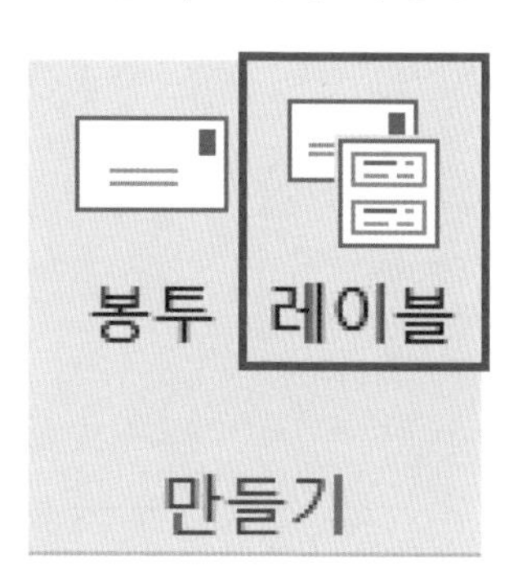

예제 문제

Q1. Formtec 레이블 제조 회사의 Formtec 3106 제품 번호를 사용하여 레이블의 각 행에 본인의 '학과', '학번', '이름'을 추가하여 레이블을 새 문서에 만듭니다.

<확인 학습 07>

확인 1. 성이 'Lee'이고, 이름이 'DS'인 새로운 받는 사람 목록을 만드시오. 이 목록을 데이터 원본 폴더에 '상장 수상자 명단'라는 이름으로 저장합니다.

확인 2. 현재 문서로 편지 병합을 시작하시오. 기존의 '수상자 명단.docx' 파일을 받는 사람 목록으로 입력하시오. 상장명, 소속, 성명 필드를 각 위치에 추가합니다. 개별 문서를 편집해 병합을 완료합니다.

CHAPTER 08

MOS Word 2016 Expert

검토 탭

언어 교정, 언어 설정, 메모, 변경 내용 추적, 변경 내용 적용, 비교, 편집 및 서식 제한 등의 기능으로 구성되어 있습니다.

SECTION 1 언어

Word 문서에서 자동으로 제공되는 언어 검색 옵션은 입력 중인 언어를 검색하고 해당 언어에 대한 언어 교정 도구를 자동으로 사용하도록 설정합니다. 해당 언어가 설치되어 있지 않은 경우에는 무료 언어 액세서리 팩을 다운로드해야 합니다.

예제 문제

Q1. 5페이지 첫 번째 단락에 있는 'Synergize'라는 단어에 대한 교정 언어를 영어(영국)로 설정합니다.

SECTION 2 메모

메모를 문서의 특정 부분에 첨부하면 피드백을 더 명확하게 알 수 있습니다. 다른 사용자가 문서에 주석을 추가하는 경우, 해당 메모에 회신·완료 표시를 하면서 문서에 관련된 토론을 할 수 있습니다.

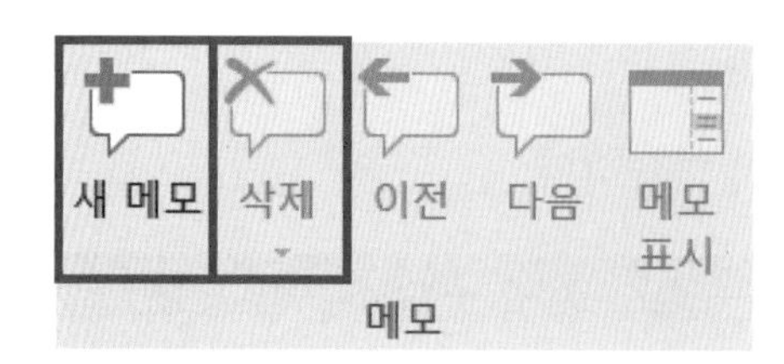

예제 문제

Q1. 1페이지에 있는 '피부 탄력 보습 투명'이라는 부제목에 '레인 에센스 타입 마스크 팩의 효과!!'라는 메모를 추가합니다.

Q2. 2페이지의 첫 번째 메모를 '완료'로 표시합니다.

Q3. 2페이지 '전국 지점 문의'라는 메모에 '지점 전화번호 추가'라는 회신을 추가합니다.

Q4. 1페이지의 '사용 방법' 텍스트에 있는 메모를 삭제합니다.

SECTION 3 추적 (변경내용)

변경 내용 추적 기능을 사용하여 사용자나 동료들이 적용한 변경 내용을 손쉽게 확인할 수 있습니다. 변경 내용은 사용자가 검토한 뒤에 제거하거나 적용할 수 있는 일종의 제안 사항과도 같습니다.

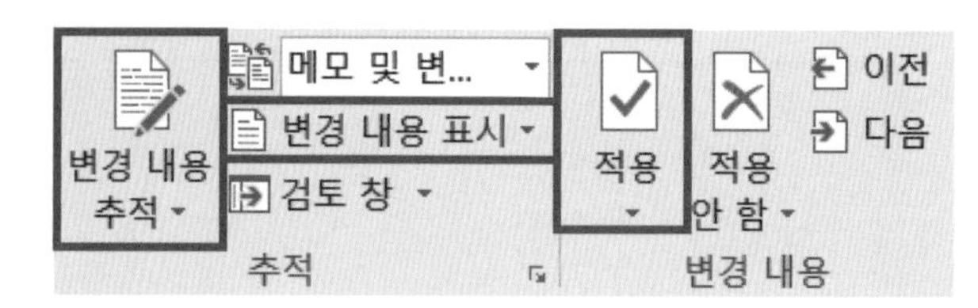

파일 불러오기	문제마다 파일을 새로 불러와서 실습합니다.

예제 문제

Q1. 문서에서 서식 변경을 제외한 모든 변경 내용이 표시되도록 합니다.

Q2. 현재 문서에서 삽입·삭제된 변경 내용을 모두 표시하고, 적용합니다.

Q3. 변경 내용 추적을 해제하지 못하도록 암호 없이 설정합니다.

SECTION 4 편집 제한

콘텐츠 검토자가 실수로 문서를 수정하지 않게 하려면 검토를 위해 문서를 보내기 전에 읽기 전용으로 만들거나 서식 및 편집을 제한하는 것입니다.

편집 제한은 변경 내용, 메모, 양식 채우기. 일기 전용(내용 변경 불가) 등의 옵션을 사용할 수 있도록 되어 있습니다.

서식 제한은 다른 사용자가 편집할 수 있도록 문서를 배포하지만 문서의 모양은 변경할 수 없도록 하고, 변경하거나 적용할 수 있는 테마 및 스타일의 전체 또는 일부를 제한할 수 있게 되어 있습니다. 검토자가 일부 테마 및 스타일을 변경하도록 설정할 수도 있습니다.

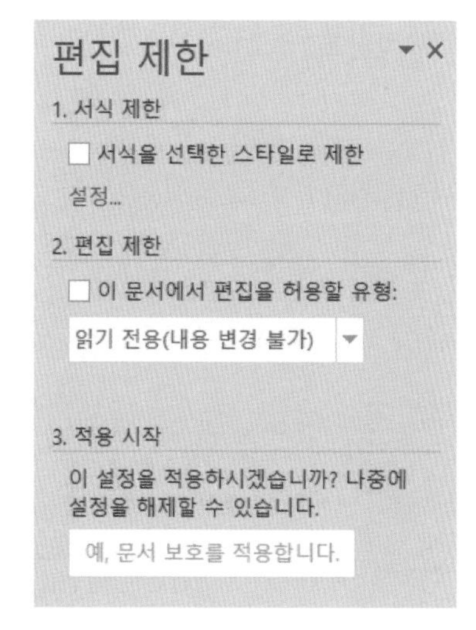

파일 불러오기 | 문제마다 파일을 새로 불러와서 실습합니다.

예제 문제

Q1. 문서에 편집 제한을 설정하여 내용 변경이 불가능하도록 문서를 보호합니다. 암호는 사용하지 않습니다.

Q2. 서식을 선택한 스타일로 제한하고 문서에서 허용되지 않는 서식이나 스타일은 제거합니다. 보호를 적용하지 마십시오.

Q3. 사용자가 테마 또는 구성표 전환과 빠른 스타일 모음 전환을 차단하도록 서식 제한을 설정합니다. 보호는 적용하지 마십시오.

<확인 학습 08>

확인 1. 현재 문서 1페이지에 있는 'Olympic'이라는 단어를 '그리스어' 교정 언어로 설정하시오.

확인 2. '올림픽 대회' 아래 표에서 08항목에 있는 나라 이름 '프랑스' 텍스트에 '2024년도 개최지'라는 메모를 삽입하시오.

확인 3. 3페이지의 22번 항목 '소련' 텍스트에 삽입된 메모에 '나라 이름 러시아로 변경'이라는 회신을 하시오.

확인 4. 현재 문서의 1페이지 있는 메모를 '완료'로 표시하시오.

확인 5. 문서의 변경 내용을 추적하도록 옵션을 설정하고, 다음과 같이 문서 내용을 변경하시오.

▷ '출장 신청서' 오른쪽에 '(2024년 1월)'을 입력

▷ '다음과 같이 출장을 다녀옴' 텍스트의 글꼴 색을 '진한 파랑', 글꼴 크기 '12pt'로 변경

▷ '확인 완료' 텍스트를 삭제

확인 6. 문서에 서식 변경을 제외한 모든 변경 내용이 표시되도록 하시오. 표시된 모든 변경 내용을 적용하시오.

확인 7. 변경 내용 추적을 해제하지 못하도록 암호 없이 설정하시오.

확인 8. 서식을 선택한 스타일로 제한하도록 설정하시오. 문서 보호 적용을 시작하지 마시오.

확인 9. 문서의 편집 제한을 설정하여 2, 3, 4, 5구역에만 양식 채우기만 가능하도록 문서를 보호하시오. 문서 보호를 적용할 때 암호는 설정하지 마시오.

확인 10. 메모에 대한 편집을 허용하여 문서의 편집을 제한합니다. 암호 없이 문서를 보호합니다.

CHAPTER 09

MOS Word 2016 Expert

개발도구 탭

Word 문서에 기본적으로 표시되지 않는 메뉴 탭으로 매크로, 컨트롤, XML 등의 기능으로 구성되어 있습니다. [파일] - [옵션] - [리본 사용자 지정]에서 [개발도구]를 체크하여 문서에 메뉴가 나타나도록 합니다.

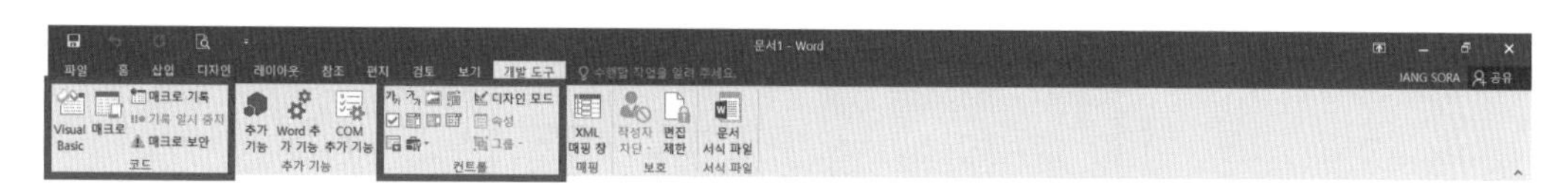

SECTION 1 매크로

매크로는 반복된 작업을 자동화하기 위해 사용할 수 있는 여러 개의 명령을 그룹화해 둔 것으로 반복된 작업을 수행해야 할 때 사용할 수 있습니다. 매크로 기록 기능으로 매크로를 만들고, 매크로 기능으로 매크로를 실행하고, 매크로 보안 기능으로 매크로를 사용하거나 사용하지 않도록 설정할 수 있습니다.

예제 문제

Q1. 모든 매크로를 포함하도록 매크로를 설정합니다.

Q2. 사용자가 'Alt+Ctrl+7'을 누르면 선택한 텍스트의 크기가 한 단계 늘어나고 이중 밑줄이 적용되는 '밑줄'이라는 매크로를 기록합니다. 매크로를 현재 문서에 저장합니다.

SECTION 2 컨트롤

콘텐츠 컨트롤을 삽입하여 사용자가 Word 문서에 일관된 양식을 쉽게 작성할 수 있습니다. 신청서, 설문지, 회원 가입 양식 문서에서 다양하게 준비된 콘텐츠 컨트롤을 사용합니다.

삽입된 콘텐츠 컨트롤을 삭제하거나 편집할 수 없도록 잠금 기능을 설정할 수도 있고, 제목이나 태그 등의 정보를 입력할 수도 있고, 여러 줄 입력이 가능하거나 또는 불가능하게 설정할 수도 있는 컨트롤 속성 기능이 있습니다.

예제 문제

Q1. 'Download'라는 단락 다음에 '그림 콘텐츠 컨트롤'을 추가하고, 스타일을 '입체 타원, 검정'으로 설정합니다.

Q2. 'Date:'라는 텍스트 오른쪽에 '날짜 선택 콘텐츠 컨트롤'을 추가합니다. '날짜 선택'이라는 내용으로 제목을 입력하고, 컨트롤을 삭제할 수 없도록 속성을 설정합니다.

Q3. 문서의 마지막에 위치한 표에서 문서 속성 '주제' 컨트롤을 수정하여 '캐리지 리턴'이 허용되도록 합니다.

Q4. 'Date:' 단락 아래에 '콤보 상자 콘텐츠 컨트롤'을 삽입합니다. '가전 제품', '오래된 가구', '집기류'를 드롭다운 항목으로 추가합니다.

<확인 학습 09>

확인 1. 작성일 오른쪽 셀에 '날짜 선택 콘텐츠 컨트롤'을 삽입하시오.

확인 2. 교환할 제품 사진 오른쪽 빈 셀에 '그림 콘텐츠 컨트롤'을 추가하고, 단순형 프레임, 흰색 그림 스타일을 적용하시오.

확인 3. 1페이지 표에서 '주소 입력:' 오른쪽 셀에 있는 주소 컨트롤에 캐리지 리턴이 허용되도록 콘텐츠 컨트롤의 속성을 편집하시오.

확인 4. '사진:' 텍스트 아래에 있는 '그림 콘텐츠 컨트롤'에 '3개월 이내의 반명함'이라는 내용의 제목을 입력하고, 컨트롤을 삭제할 수 없도록 속성을 설정하시오.

확인 5. 현재 문서에서 디지털 서명된 매크로만 사용하도록 설정하시오.

확인 6. alt + ctrl + 3을 누르면 선택한 텍스트의 크기가 두 단계 늘어나고, 기울임꼴 서식이 적용되는 '인용'이라는 매크로를 기록하시오. 매크로를 현재 문서에 저장하시오.

확인 7. alt + ctrl + 5을 누르면 선택한 텍스트에 강조 색이 없어지도록 '색 없음'이라는 매크로를 현재 문서에 저장하시오.

1회 모의고사

프로젝트 1

당신은 인문학 연구소에서 '성공의 리더십을 위한 7가지 덕목' 자료를 작성하고 있습니다.

작업 1) 성이 "Lee"이고 이름이 "DS"인 새로 받는 사람 목록을 만들고, 이 목록을 데이터 원본 폴더에 "리더십 명단"으로 저장합니다.

작업 2) '작성일' 오른쪽에 문서를 만든 날짜를 나타내는 CreateDate 필드를 추가하고 날짜 표시 형식을 'yyyy-MM-dd'로 설정합니다.

작업 3) 1 페이지에 삽입된 메모에 '그대로 유지'라는 텍스트로 회신합니다.

작업 4) '1. 자신의 삶을 주도하라' 단락부터 이어서 구역 나누기를 삽입합니다.

작업 5) 3구역의 모든 텍스트에 기울임 글꼴을 적용합니다.

당신은 우리 학교의 행사 주관자로 선정되어 근무하고 있습니다. 이번 달 학생들이 학급 신문 작성하는 데 있어서 도움을 주는 역할을 수행하고 있습니다.

작업 1) "Normal.dotm"에서 "프로젝트 2(학급 신문).docx"로 표준 스타일을 복사하여 기존 표준 스타일에 덮어쓰기 합니다.

작업 2) '축하해 주세요' 텍스트 단락을 이용하여 "강조 제목"이라는 새 스타일을 만듭니다.

작업 3) "단락 서식"이라는 새 스타일을 만드시오. 스타일 기준은 표준으로 하고 글꼴 크기는 "11pt", 단락은 "양쪽 정렬", 기울임 꼴 텍스트를 적용합니다.

작업 4) '우리 반을 빛낸 사람들' 단락 아래에 있는 그림 위에 "Figure 3-별 스타 아이들"이라는 캡션을 삽입합니다. "Figure 3"이라는 텍스트는 자동으로 추가됩니다.

작업 5) 문서 내 모든 하이픈을 En 대시로 변경합니다.

작업 6) 디지털 서명된 매크로만 사용하도록 매크로를 설정합니다.

당신은 우리 회사의 홍보팀에서 근무하고 있으며, 현재 와인 시음 행사 안내 및 순서에 관련된 계획서를 작성하고 있습니다.

작업 1) 문서가 기본적으로 문서 폴더에 저장되도록 하고, 자동 복구 저장 간격은 '12'분으로하는 옵션을 설정합니다.

작업 2) 제목 아래에 SaveDate 필드를 삽입하고, 날짜 형식을 'yyyy년 M월 d일'로 설정합니다.

작업 3) '제목 1' 스타일을 수정하여 글꼴은 'HY견명조', 글꼴 크기는 '20pt'가 되도록 하고, '1. 2. 3. …' 번호 매기기가 되도록 설정합니다.

작업 4) 제목 글꼴을 'HY견명조'로 설정하는 '안내장'이라는 이름의 새 테마 글꼴을 만듭니다.

작업 5) 문서의 마지막 위치에 있는 Author 필드의 형식을 대문자로 설정합니다.

작업 6) 현재 문서를 '와인 시음 행사'라는 이름으로 문서 폴더에 PDF 형식으로 저장합니다.

프로젝트 4

당신은 IT 교육 담당자로 근무하고 있습니다. 애플리케이션 활용에 관련된 교육을 위한 유인물을 작성하고 있습니다.

작업 1) 사용자가 선택한 텍스트의 크기가 한 단계 늘어나고, 굵고 기울임 글꼴 속성이 적용되는 "강조"라는 매크로를 기록하시오. 단축키는 "Alt+Ctrl+3"으로 지정하고 매크로는 현재 문서에 저장합니다.

작업 2) 1페이지 "안드로이드" 단락 아래에 첨부 폴더에 있는 '추가 내용.docx' 파일을 연결하여 삽입합니다.

작업 3) 1페이지 "안드로이드"라는 부제목에 "스마트폰 운영 체제의 한 종류"라는 메모를 삽입합니다.

작업 4) 1페이지에 있는 '현재 우리나라의 스마트폰 사용자가'로 시작하는 단락 아래에 그림 콘텐츠 컨트롤을 삽입하고 "이중 프레임, 검정" 스타일을 적용합니다.

작업 5) '붉은 강조' 스타일이 적용된 텍스트에 '텍스트 강조' 스타일을 적용합니다. 그런 다음 '붉은 강조' 스타일을 삭제합니다.

작업 6) 서식을 선택한 스타일로 제한하도록 설정하고 문서에 허용되지 않은 서식이나 스타일은 제거합니다. 문서 보호는 적용하지 않습니다.

작업 7) 현재 문서에 자동으로 하이픈이 들어가도록 설정합니다.

당신은 인문학연구소에서 '성공의 리더십을 위한 7가지 덕목' 자료를 작성하고 있습니다.

작업 1) 2페이지 마지막 단락이 첫 줄이나 마지막 줄이 분리되지 않도록 페이지 매김을 지정합니다. 페이지 나누기는 사용하지 마시오.

작업 5) 현재 문서 마지막에 있는 '색인' 아래에 '현대형' 서식의 색인을 삽입합니다. 이때 페이지 번호는 오른쪽에 맞춤되고, 단의 개수 3으로 설정합니다.

작업 3) 현재 문서에서 "리더십" 텍스트의 색인 항목이 모두 표시되도록 하고, 색인을 업데이트합니다.

작업 4) 현재 문서의 표지에 있는 부제 '성공의 리더십을 위한 7가지 덕목'의 콘텐츠 컨트롤을 캐리지 리턴이 허용되도록 하고, 콘텐츠 컨트롤을 삭제할 수 없도록 잠금 속성을 설정합니다.

작업 5) '7. 끊임없이 쇄신하라(Sharpen the Saw)' 단락 아래에 있는 그림에 "Sharpen the Saw"라는 대체 텍스트 제목을 입력합니다.

2회 모의고사

프로젝트 1

당신은 '인간다움·사회적응' 리서치 회사에서 근무하고 있습니다. 교육생들에게 사회적응도에 관련한 설문조사를 하여 결과 문서를 보고서로 작성하려고 합니다.

작업 1) 서식 제한을 이용하여 '테마 또는 구성표 전환 차단' 및 '빠른 스타일 모음 전환 차단'을 사용하도록 서식을 설정합니다. 문서 보호는 적용하지 않습니다.

작업 2) 문서의 편집 제한을 설정하여 양식 채우기만 가능하도록 문서를 보호하시오. 문서 보호를 적용할 때 암호는 설정하지 마시오.

작업 3) 2페이지에 있는 표의 너비를 50%, 왼쪽 맞춤으로 설정하고 '상황 질문 체크 개수'를 대체 텍스트로 추가합니다.

작업 4) '상황 질문 2' 제목 아래에 있는 글머리 기호 목록 중 마지막 2개 항목을 '상황 질문 3' 제목 아래에 있는 글머리 기호 목록의 마지막으로 이동합니다. 이동한 글머리 기호는 '상황 질문 3'에 있는 글머리 기호의 서식과 같아야 합니다. 빈 글머리 기호는 삭제합니다.

작업 5) '상황 질문별로 체크한 개수' 단락 아래의 표를 문서 블록의 빠른 문서 요소로 저장합니다. 모든 기본 설정을 적용합니다.

당신은 우리 고장 울산의 소식을 전하는 우리 고장 일보 작성자로 근무하고 있습니다. 울산 12경에 대하여 알아보고, 우리 고장의 소식을 전하는 문서를 작성하고 있습니다.

작업 1) 현재 문서 마지막 페이지에 있는 '그림 목차' 텍스트 아래에 그림 목차를 삽입하고 단순형으로 설정합니다.

작업 2) 현재 문서 마지막에 있는 'INDEX' 제목 아래에 색인을 삽입하고, 꾸밈형 서식, 페이지 번호는 오른쪽 맞춤, 단 개수는 1로 설정합니다.

작업 3) 문서의 처음에 나오는 "울산" 텍스트를 색인 항목으로 표시하고, 색인을 업데이트합니다.

작업 4) '울산 12경'이라는 텍스트를 사용하여 크기 "110", 색 "빨강, 강조 2"인 사용자 지정 워터마크를 삽입하시오. 나머지 설정은 그대로 유지합니다.

작업 5) 현재 문서에서 서식 변경을 제외한 모든 변경 내용이 표시되도록 설정합니다. 그리고 표시된 모든 변경 내용을 적용합니다.

작업 6) '표준'이라는 이름의 스타일을 변경하여, 다음 단락의 스타일이 '본문 첫 줄 들여쓰기'가 되도록 설정합니다.

프로젝트 3

당신은 'DS 산업' 교육 혁신 센터에서 근무를 하고 있습니다. 직원들의 문서 작성 능력을 키우기 위한 교육 자료를 작성하고 있습니다.

작업 1) 1페이지 제목에 있는 'calendar'라는 단어에 대한 교정 언어를 "영어(미국)"으로 설정합니다.

작업 2) 2페이지 'Google Calendar' 제목이 있는 텍스트 상자를 오른쪽 빈 텍스트 상자에 연결합니다.

작업 3) 1페이지에 있는 '1월' 텍스트의 스타일을 사용하여 "월 제목"이라는 이름의 새로운 스타일을 만듭니다. 스타일 형식은 문자로 하여 작성합니다.
그런 다음 새로 만든 스타일을 1페이지의 '2월', '3월', '4월' 텍스트에 적용합니다.

작업 4) 2페이지에 있는 메모를 완료 표시합니다.

작업 5) 테마 색의 '강조 1' 색상을 '바다색, 강조 5'로 설정하여, "달력"이라는 이름의 새 사용자 지정 색을 만듭니다.

작업 6) 사용자에게 문서가 최종본임을 알리고 읽기 전용으로 설정합니다.

프로젝트 4

당신은 '인간다움·사회적응' 리서치 회사에서 근무하고 있습니다. 교육생들에게 사회적응도에 관련한 설문조사를 하여 결과 문서를 보고서로 작성하려고 합니다.

작업 1) alt + ctrl + 4를 누르면 선택한 텍스트에 강조 색이 없어지도록 '삭제'라는 매크로를 현재 문서에 저장하시오.

작업 2) 성이 'Jang'이고 이름이 'SR'인 받는 사람 목록을 새로 만들고, 이 목록을 데이터 원본 폴더에 '설문 대상자'라는 이름으로 저장합니다.

작업 3) 현재 문서에 있는 모든 En 대시를 Em 대시로 바꾸기 합니다.

작업 4) "설문 작성자:" 단락 위에 첨부 폴더의 '적응도.png' 파일을 추가하고, '입체 타원, 검정' 그림 스타일을 적용합니다.

작업 5) 현재 문서 제목 아래에 2열 3행의 표를 삽입하고, '눈금표 1 밝게 - 강조 색 5' 표 스타일을 적용합니다.

작업 6) 페이지 배경색을 RGB '255', '255', '204'로 설정하고, 현재 문서의 테마를 '설문 조사'라는 이름으로 문서 테마(Document Themes) 폴더에 저장합니다.

당신은 DS Tech 회사의 직원 교육 센터에서 근무하고 있습니다. 워드 문서 작성 능력을 키우는 새로운 교육 프로그램을 개설하여 교육을 위한 문서를 작성하고 있습니다.

작업 1) 현재 문서에서 제목 속성을 '헤라클레스'로 하고 범주 속성을 '문서 작성 능력'으로 지정합니다.

작업 2) '작성일:' 텍스트 오른쪽에 '날짜 선택 콘텐츠 컨트롤'을 삽입하고, 날짜 표시를 "yyyy년 M월 d일"로 설정합니다.

작업 3) 현재 문서에 편집 제한을 적용하여 내용 변경이 불가능하도록 설정하고 암호 없이 문서를 보호합니다.

작업 4) 이 문서만 기본 글꼴을 '돋움체', '글꼴 크기 11pt', 글꼴 색 '진한 파랑'으로 설정합니다.

작업 5) '목차' 텍스트 아래 단락에 다음과 같은 수준을 표시하는 '꾸밈형' 서식의 목차를 삽입합니다.

⇨ 제목 1: 수준 1　　제목 2: 수준 2　　제목 3: 수준 3

작업 6) 목차가 제목1 수준까지만 표시되도록 수정하시오.

MOS

2장
Excel 2016 Expert

Excel 2016 Expert 시험 평가 항목

Excel 2016 Expert 시험 평가 항목
[시험 시간 50분 / 합격 점수 1,000점 중 700점 이상 합격]

Skill Set	시험 구성
통합 문서 옵션 및 설정 관리	• 통합 문서 관리 • 통합 문서 검토
사용자 지정 서식 및 레이아웃 적용	• 사용자 지정 데이터 서식 적용 • 고급 조건부 서식 • 필터링 적용 • 사용자 통합 문서 요소 만들기 및 수정 • 접근성을 위한 통합 문서 준비
고급 수식 만들기	• 수식에 함수 적용 • 함수를 사용하여 데이터 찾기 • 고급 날짜 • 데이터 분석 • 경영 정보 분석 • 수식 검사 • 범위와 개체 정의
고급 차트와 테이블 작성	• 고급 차트 만들기 • 피벗 테이블 만들기 및 관리 • 피벗 차트 만들기 및 관리

Excel 2016 시작 및 화면 구성

1. Excel 2016 시작 화면

엑셀을 실행하면 나타나는 화면으로 최근 항목, 다른 통합 문서 열기와 예제 서식 파일을 검색하여 엑셀 문서를 사용할 수 있도록 구성되어 있습니다.

❶ 최근 항목: 최근에 사용한 파일 목록에서 통합 문서를 선택하여 엽니다.

❷ 다른 통합 문서 열기: 다른 경로의 통합 문서를 엽니다.

❸ 예제 서식 파일: 서식 파일을 온라인 서식 파일 및 테마를 선택하여 엽니다.

❹ 새 통합 문서: 기본 서식으로 새 통합 문서를 시작합니다.

> **TIP**
>
> **시작 화면 표시 및 표시하지 않기**
>
> **Excel 통합 문서를 시작할 때 위의 이미지와 같은 시작 화면을 표시하지 않고 새 통합 문서가 바로 열리도록 합니다.**
>
> **파일 - 옵션 - 일반**
>
> **□☑ 이 응용 프로그램을 시작할 때 시작 화면 표시**

2. Excel 2016 화면 구성

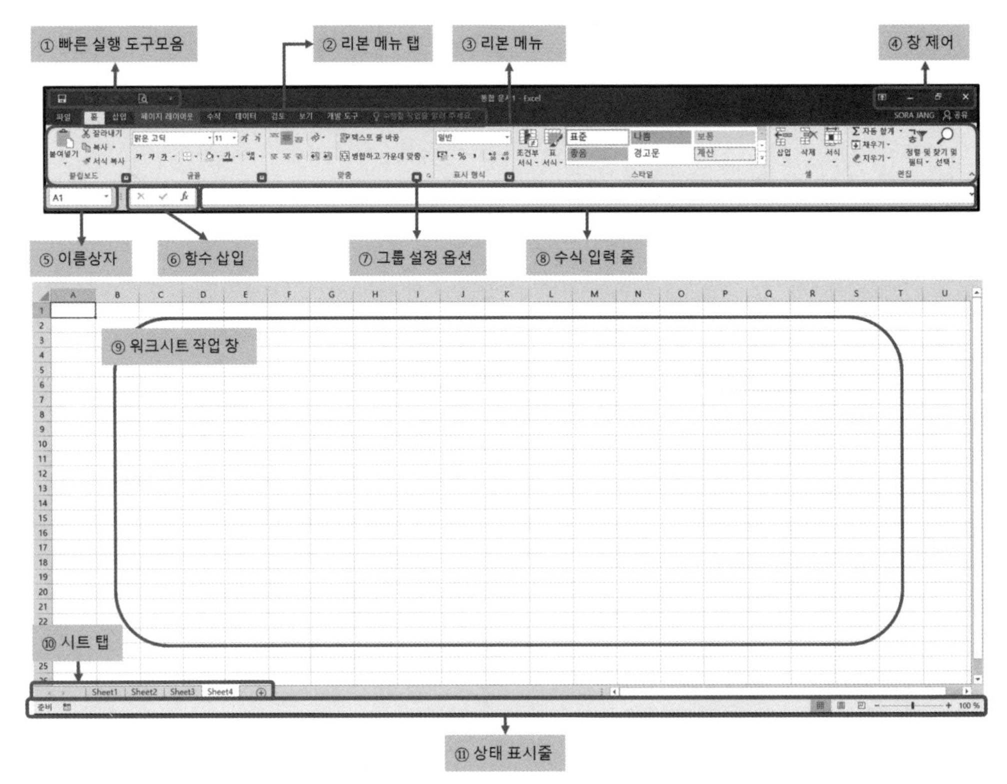

❶ 빠른 실행 도구

자주 사용하는 기능을 빠른 실행 도구 모음에 고정시켜 두고 편리하게 사용합니다.

❷ 리본 메뉴 탭

해당 탭을 클릭하면 유사한 기능으로 묶여 있는 각 탭의 하위 그룹 목록을 나타냅니다.

❸ 리본 메뉴

메뉴를 직관적으로 확인하고 필요한 메뉴 버튼을 클릭해서 바로 실행할 수 있게 합니다.

❹ 창 제어

왼쪽부터 리본 메뉴 제어 단추, 최소화, 최대화, 닫기 버튼입니다.

❺ 이름 상자

셀을 선택하면 선택한 셀의 행과 열의 이름을 나타냅니다. 만약 특정 셀 영역을 이름 정의 기능으로 설정해 놓았다면 셀에 지정한 이름이 나타납니다.

❻ 함수 삽입

함수 삽입 버튼을 클릭하면 [함수 마법사] 대화상자가 나타나며, 함수를 검색하거나 선택 목록에서 필요한 함수를 골라서 사용할 수 있습니다.

❼ 그룹 설정 옵션

그룹 메뉴를 확장해서 세부 옵션을 설정할 수 있는 대화상자를 불러오는 버튼입니다.

❽ 수식 입력줄

셀에 새로운 수식을 입력하거나 이미 입력되어 있는 수식을 표시, 수정하는 곳입니다.

❾ 워크시트 작업 창

열과 행으로 이루어진 셀로 구성되어 표시됩니다.

❿ 시트 탭

워크시트의 이름이 표시되며, 워크시트의 삽입, 삭제, 이동, 복사 등을 합니다.

⓫ 상태 표시줄

통합 문서의 상태 및 화면 보기 변경, 화면 확대/축소가 가능합니다. 상태 표시줄 사용자 지정 하려는 경우 마우스 오른쪽 단추로 클릭한 다음 원하는 옵션을 클릭합니다.

CHAPTER 01

MOS Excel 2016 Expert

파일 탭

"Microsoft Office Backstage"라고 불리기도 합니다. 파일을 열거나 닫고, 저장하며 인쇄할 수 있습니다. 문서의 속성을 설정하고, 통합 문서를 관리하고 보호할 수 있도록 설정할 수 있습니다. 통합 문서 공유, 계정, 내보내기 등으로 문서를 관리하고 엑셀 옵션을 지정할 수 있습니다.

SECTION 1 정보 - 통합 문서 보호

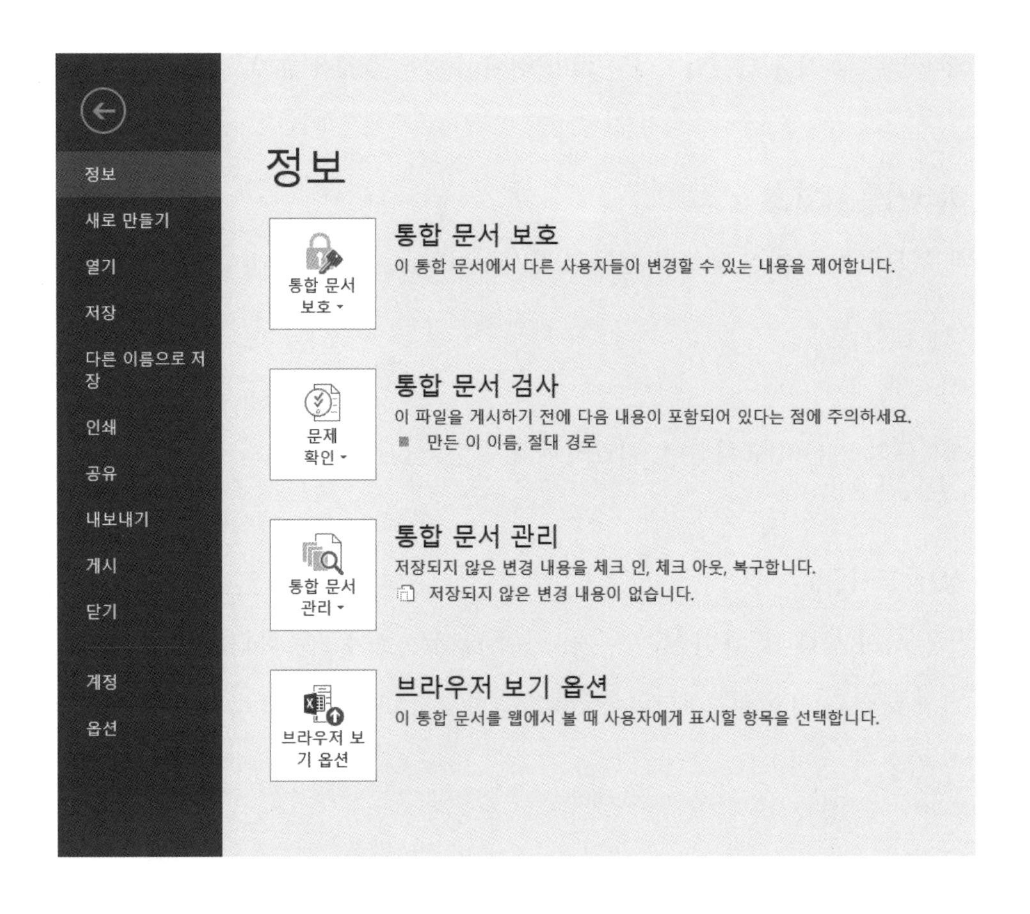

예제 문제

Q1. 사용자들이 워크시트를 추가, 삭제 또는 수정할 수 없도록 암호 "So@ra319"를 사용하여 통합 문서를 보호합니다.

Q2. 사용자에게 현재 통합 문서가 최종본임을 알리고, 읽기 전용으로 설정되도록 통합 문서를 최종본으로 표시합니다.

SECTION 2 옵션 - 리본 사용자 지정

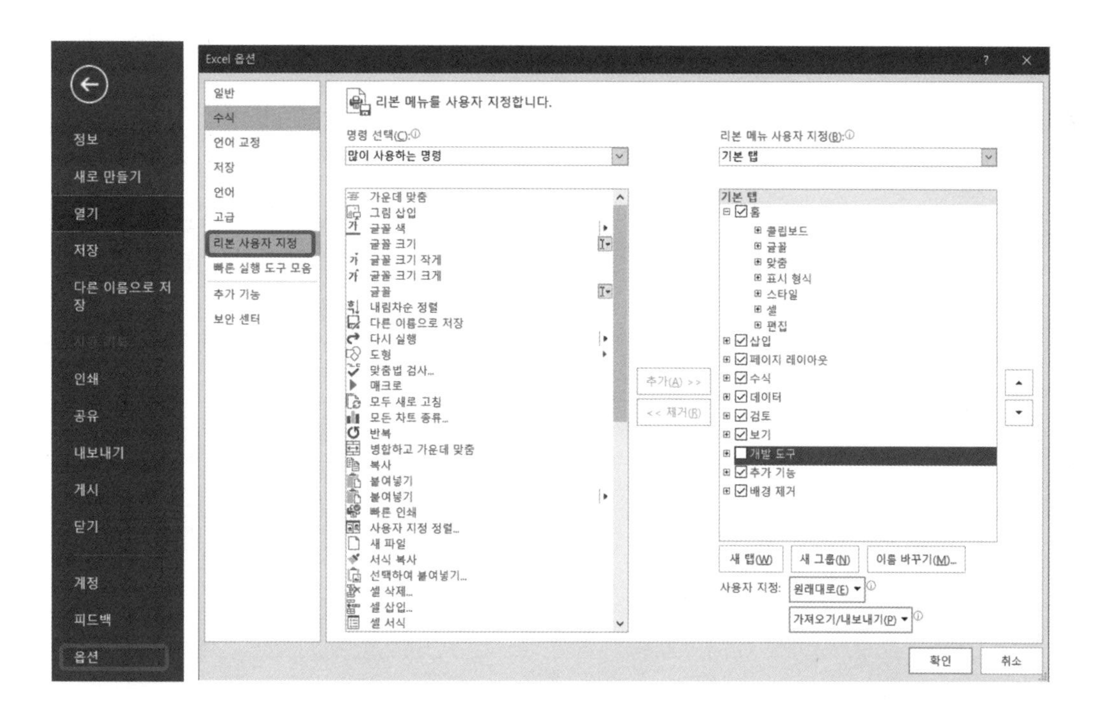

예제 문제

Q1. 개발도구 탭을 리본 메뉴에 표시합니다.

SECTION 3 옵션 - 수식

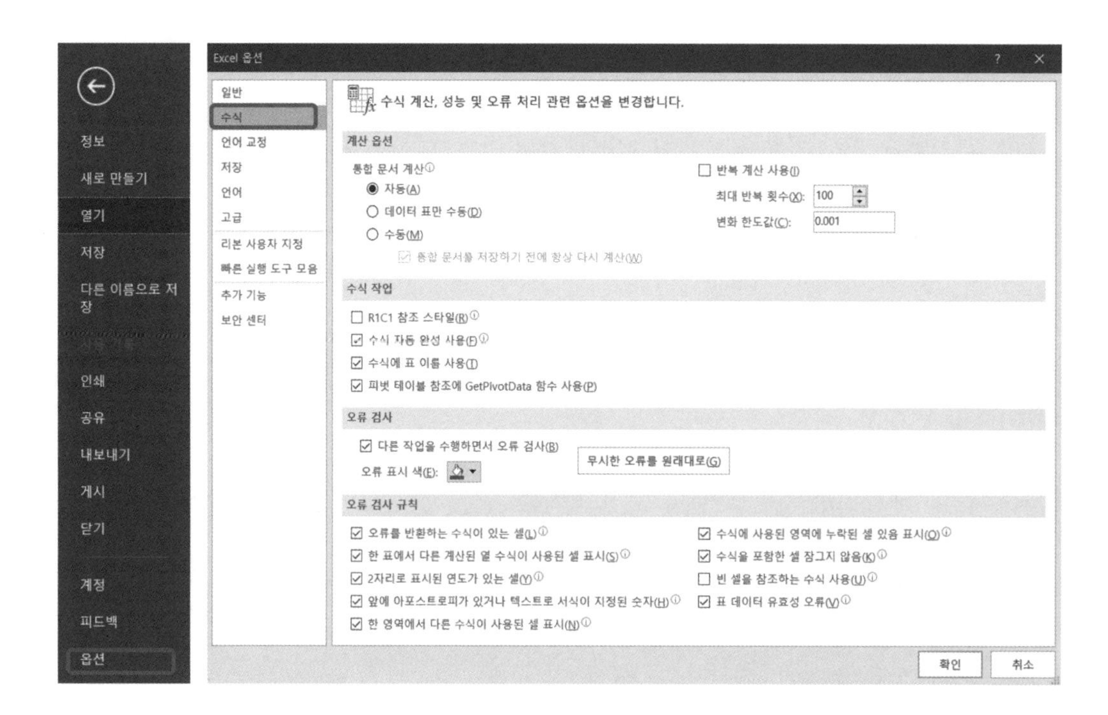

예제 문제

Q1. 수식을 포함하고 있는 셀들이 수동으로 재계산되거나 통합 문서가 저장되기 전에 항상 다시 계산되도록 계산 옵션을 변경합니다.

Q2. 최대 반복 횟수가 60이 되도록 반복 계산을 사용하는 계산 옵션을 변경합니다.

Q3. 수식에 표 이름을 사용하도록 수식 작업을 변경합니다.

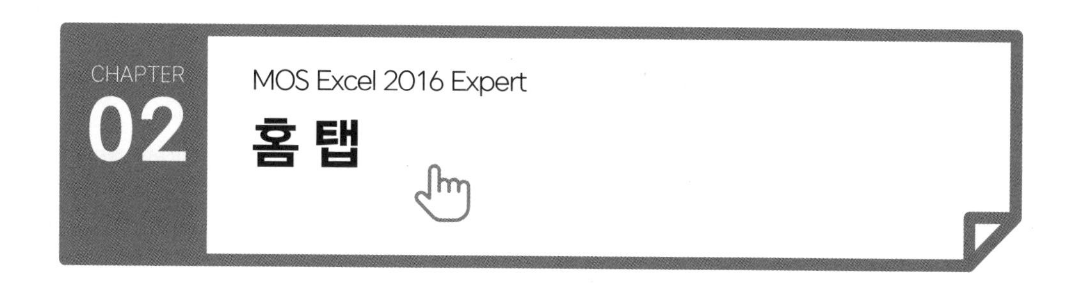

CHAPTER 02

MOS Excel 2016 Expert

홈 탭

통합 문서를 열었을 때 기본으로 선택되어 있는 탭으로 엑셀 작업에서 가장 많이 사용하는 편집 기능과 서식 설정 기능이 포함되어 있습니다.

워크시트 셀에 입력된 데이터를 편집하고 서식을 설정합니다.

SECTION 1 편집 그룹 - 채우기

예제 문제

Q1. "숫자" 워크시트에서 B4셀에서 B15셀까지는 "1"로 채우고, D4셀에서 D15셀까지는 연속 데이터로 채웁니다. 채우기 핸들을 사용합니다.

Q2. "날짜" 워크시트에서 D4셀 값을 이용하여 D19셀까지 평일 단위로 채웁니다. 채우기 핸들을 사용합니다.

Q3. "문자" 워크시트에서 C4셀 값을 이용하여 C15셀까지 "1번" ~ "12번"으로 채웁니다. 채우기 핸들을 사용합니다.

Q4. "목록" 워크시트에서 G4 셀에서 G28 셀까지 "1월"로 채웁니다. 셀 서식은 변경하지 마십시오.

SECTION 2 표시 형식 그룹 - 셀 서식

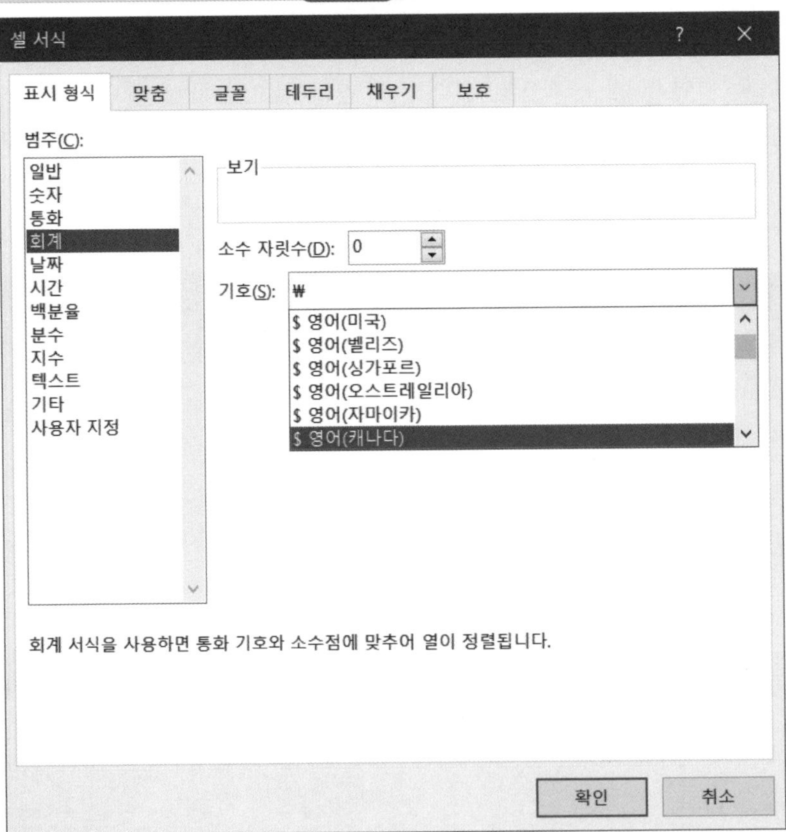

예제 문제

Q1. "유럽 유로화" 워크시트에서 셀 C5:C124에 있는 데이터에 유로(€) 기호를 적용하십시오. 이때 기호가 숫자 앞에 오도록 합니다. 사용자 지정 형식을 사용하지 마십시오.

Q2. "한국 원화" 워크시트에서 G열과 I열의 값이 소수점 두 번째 자리까지 표시되도록 서식을 지정합니다. 서식은 기존 행 및 새 행들에 적용되어야 합니다.

SECTION 3 스타일 그룹 - 조건부 서식

예제 문제

Q1. "7월 재고" 워크시트에서 C5:C55의 범위 셀의 값이 1,000보다 큰 경우, "진한 빨강 텍스트가 있는 연한 빨강 채우기"를 적용합니다.

Q2. "7월 재고" 워크시트에서 E5:E55의 범위 셀에 "빨강 데이터 막대" 조건부 서식을 적용합니다.

Q3. "7월 재고" 워크시트에서 F5:F55의 범위 셀에 적용되어 있는 조건부 서식 규칙을 편집하여 막대 모양의 채우기 색과 테두리 색을 노랑으로 변경하여 서식을 적용합니다.

Q4. "7월 재고" 워크시트에서 D5:D55의 범위 셀에 적용되어 있는 조건부 서식 규칙을 지우기 합니다.

Q5. "중간고사" 워크시트에서 조건부 서식 규칙을 적용하여 K4:K54의 범위에 대한 평균값을 초과하는 값들이 모두 "빨강 텍스트" 서식으로 표시되도록 설정합니다.

Q6. "점수 집계" 워크시트의 평균값이 70 이상일 경우 녹색 원을 표시하고, 50 이상이거나 70 미만인 경우에는 노란색 원을 표시하고, 50 미만일 경우에는 빨간색 원을 표시하는 조건부 서식 규칙을 I열에 적용합니다. 해당 서식은 I열에 있는 기존 행이나 새 행에 적용되어야 합니다.

Q7. "점수 집계" 워크시트에서 모든 과목의 점수가 80보다 큰 경우, C5:J105 셀 범위에 "25% 회색" 무늬 스타일과 "빨강 무늬 색 채우기"를 적용합니다.

Q8. "8월 재고" 워크시트에서 "이월 재고" 숫자가 "적정 재고"의 90%를 초과하는 경우, 해당 텍스트에 굵게 글꼴 스타일을 지정하고, RGB 색상 "0", "154", "70"을 지정하여 데이터 행의 모든 텍스트에 적용합니다.

<확인 학습 01>

확인 1. "구분 서식"이라는 이름의 스타일을 변경하여 녹색 위쪽 이중 테두리를 추가하시오. 그런 다음 "구분 서식" 스타일을 "매출" 워크시트의 A3:G17 셀 범위에 적용합니다.

확인 2. "직원" 워크시트에 있는 E5 셀의 값을 이용하여 E6:E12 셀 범위에 "2월"로 채웁니다. 셀 서식은 변경하지 마십시오.

확인 3. "직원" 워크시트의 F열에 서식을 지정하여 값들이 소수점 두 번째 자리로 표시되도록 하시오. 사용자 지정 서식은 사용하지 말고 서식은 기존 행 및 새 행들에 적용되도록 합니다.

확인 4. "직원" 워크시트의 "생년월일" 열을 "14 de marzo de 2012"를 사용하는 "스페인어(멕시코)"로 형식을 지정합니다.

확인 5. "교육생 명단" 워크시트에서 H5:H45 셀에 있는 데이터에 달러($) 기호가 숫자 옆에 오도록 서식을 적용합니다. 사용자 지정 형식을 사용하지 마십시오.

확인 6. "교육생 명단" 워크시트의 "관리 포인트"가 30 이상일 경우 녹색 원을 표시하고, 20 이상이거나 30 미만인 경우에는 노란색 원을 표시하고, 20 미만일 경우에는 빨간색 원을 표시하는 조건부 서식 규칙을 I5:I45 영역에 적용하시오.

확인 7. "교육생 명단" 워크시트에서 "수강 금액" 값이 평균을 초과하는 경우, 노란색 채우기를 적용하시오.

확인 8. "영업 현황" 워크시트에서 상반기(1, 2사분기)의 평균이 13,000보다 낮은 경우 B5:B69 셀의 텍스트를 "빨강"으로 표시합니다.

확인 9. "영업 현황" 워크시트의 D5:D69 범위에 각 분기들의 합계가 80,000을 초과하는 제품명에만 RGB 100, 10, 20 글꼴 색을 적용합니다.

확인 10. 수식을 포함하고 있는 셀들이 수동으로 재계산되거나 통합 문서가 저장되기 전에 항상 다시 계산되도록 계산 옵션을 변경합니다.

표를 비롯하여 그림, 도형, SmartArt, 차트, WordArt 등의 개체를 삽입할 수 있으며, 다양한 시각적 효과를 위한 기능들이 있습니다.

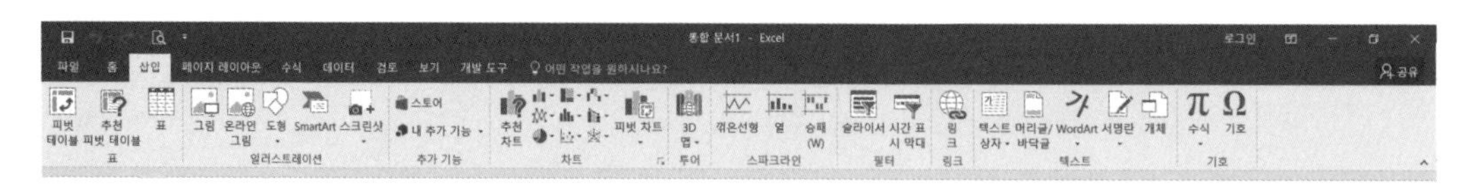

SECTION 1 차트 그룹 - 차트 만들기

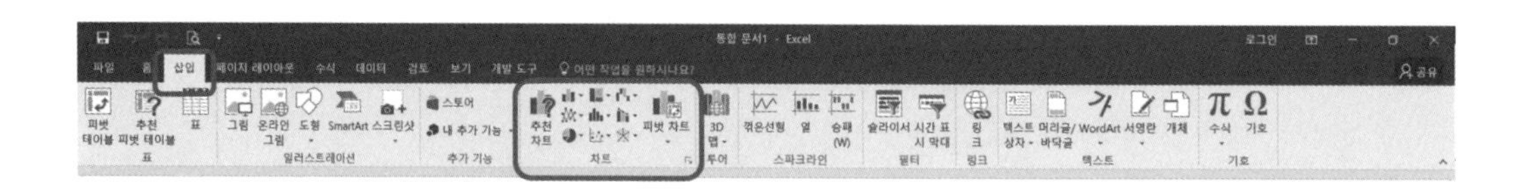

<차트의 구성 요소>

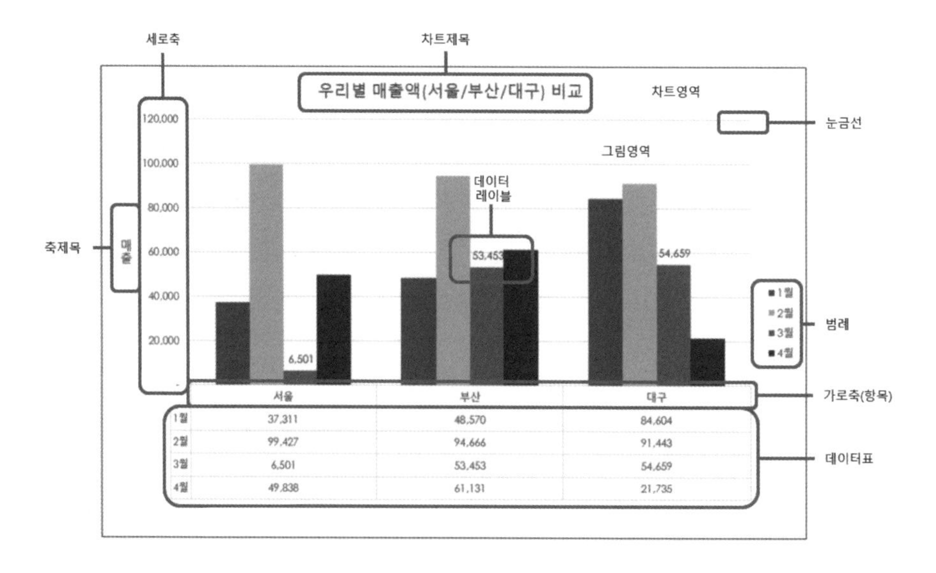

Q1. "매출 현황 1" 워크시트에서 지점명과 매출 합계를 이용하여 "묶은 세로 막대형" 차트를 추가합니다.

Q2. "매출 현황 2" 워크시트에서 "서울", "울산", "강원" 지점의 "3월", "4월" 값을 이용하여 "표식이 있는 꺾은선형" 차트를 추가합니다.

Q3. "지점별 매출 현황 조회" 워크시트에 월별로 "매출 현황"에 묶은 세로 막대형 차트를, "전국 비율"에 보조 축을 사용하여 꺾은선형 차트를 추가합니다. 차트는 C11:O21에 위치합니다.

SECTION 2 차트 도구 - 차트의 수정

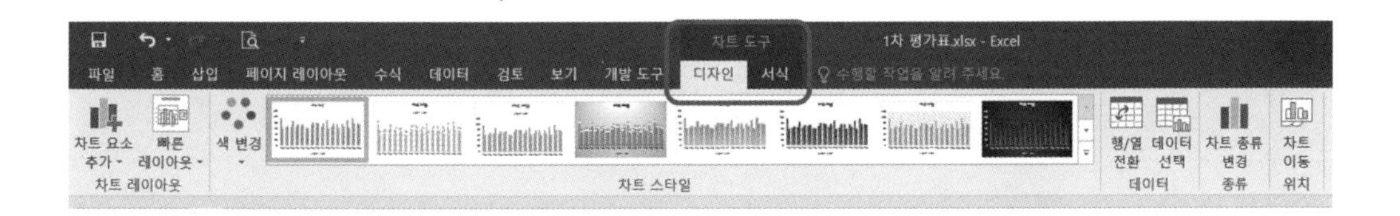

예제 문제

Q1. "울산"지점의 매출 현황을 "매출 현황 1" 워크시트에 있는 차트에 맞게 추가합니다. 그런 다음 차트 제목을 제거합니다.

Q2. "매출 현황 2" 워크시트에서 "울산" 계열의 차트 종류를 "꺾은선형"으로 변경합니다. 차트 범례는 위쪽, "서울" 계열에 데이터 레이블을 바깥쪽 끝에 추가합니다.

Q3. "매출 현황 2" 워크시트의 차트 위치를 "매출 현황 3" 워크시트의 B4:L20 범위로 이동합니다.

Q4. "지점별 매출 현황" 워크시트에서 부산 계열의 매출을 12월까지 예측하는 선형 추세선을 추가합니다.

SECTION 3 표 그룹 - 피벗 테이블 및 피벗 차트 만들기

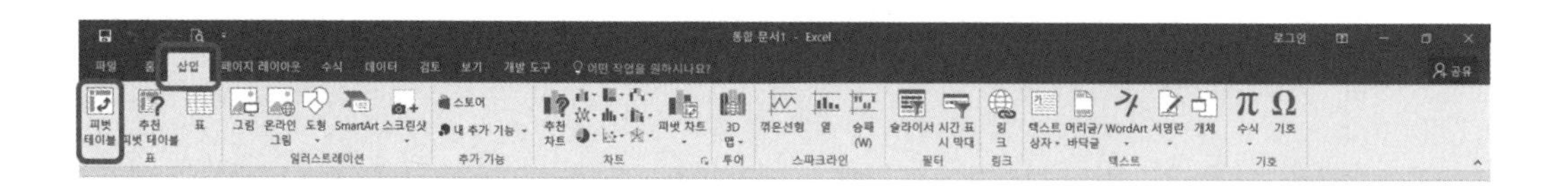

예제 문제

Q1. "연수 점수표" 워크시트에 있는 데이터를 사용하여 각 지점의 부서별 인원수를 보여 주는 피벗 테이블을 새로운 워크시트에 만듭니다. 지점 값을 행, 부서 값은 열로 사용하고, 성명 값으로 인원수를 계산합니다. 새 워크시트의 이름은 "인원수"로 하고, "연수 점수표" 워크시트 뒤에 위치하도록 합니다.

Q2. "연수 점수표" 워크시트에 있는 데이터를 사용하여 "부서별 연수 점수" 워크시트에 부서별 연수 점수의 평균을 구하는 피벗 차트를 만듭니다. 가로축에는 "부서"와 "최종 응시일" 값이 표시되도록 합니다.

Q3. "부서별" 워크시트에서 각 부서의 "대리"와 "사원" 직급에 대한 실무 점수 평균을 묶은 세로 막대형 피벗 차트로 나타냅니다.

SECTION 4 피벗 테이블 도구 - 피벗 테이블의 수정

예제 문제

Q1. 각 일정별로 3월 중 가장 많이 신청된 값을 "비교" 워크시트의 D열에 새로이 추가합니다.

Q2. “비교” 워크시트에서 “일정” 아래에 “여행 분류” 행을 추가합니다.

Q3. “정가 판매 결과” 워크시트에서 차트를 수정하여 청소년의 모든 연령대에 대해서 월별로 그룹화하여 데이터를 표시합니다.

Q4. “대상별 평균값” 워크시트에서 피벗 차트의 열의 총합계만 설정합니다.

Q5. “평가 분석” 워크시트에서 부서명들이 각 직책 안에 그룹화되도록 차트를 수정합니다.

Q6. “부서별” 워크시트 G4 셀에 GETPIVOTDATA를 사용하여 “인사부” 부서의 “대리” 직급에 대한 실무 합계 값을 계산합니다.

Q7. “성적 등급” 워크시트에서 사용자가 특정 부서명 값만 표시할 수 있도록 슬라이서를 추가합니다. 슬라이서의 머리글 표시를 해제하는 슬라이서 설정을 하고, 단추의 열 개수를 4로 합니다. 그런 다음 적당한 크기로 피벗 테이블 위쪽으로 이동합니다.

SECTION 5 표 그룹 - 표 만들기 / 표 도구 - 표의 수정

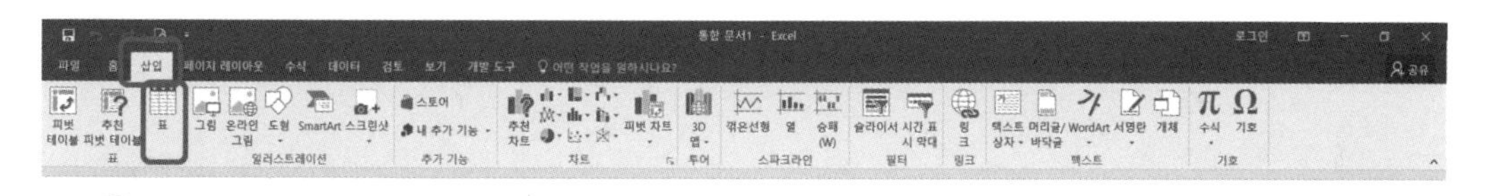

예제 문제

Q1. “하계 특강 수강 현황” 워크시트에서 B4:I155 범위를 표 범위로 지정합니다. 머리글을 포함하고, 필터 단추를 제거합니다. 표 스타일을 “표 스타일 밝게 4”로 설정합니다.

Q2. “평가 자료” 워크시트에서 표 이름을 “표4”에서 “평가표”로 변경합니다.

CHAPTER 04

MOS Excel 2016 Expert

페이지 레이아웃 탭

다양한 서식으로 만들어진 테마를 워크시트에 적용할 수 있도록 하며, 인쇄를 위한 페이지 설정과 시트 옵션 등이 있습니다.

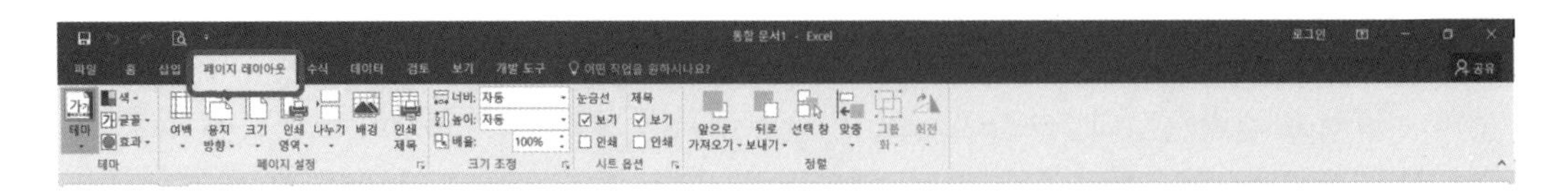

SECTION 1 테마 그룹

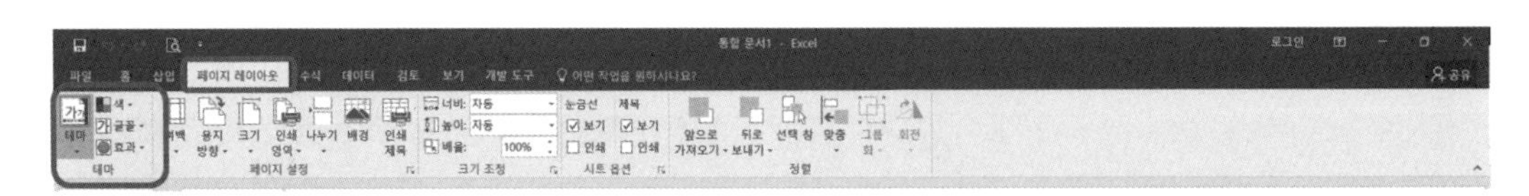

예제 문제

Q1. 테마 색의 강조 1 옵션이 RGB “102, 0, 102” 값을 갖는 새로운 사용자 지정 색상을 생성합니다. 해당 사용자 지정 색상들을 “연청색 색 테마”라는 이름으로 합니다.

Q2. 테마 색상을 따뜻한 파란색으로 변경하고, 해당 테마의 이름을 “미니 액세서리” 로 하여 현재 위치에 저장합니다.

<확인 학습 02>

확인 1. "현황" 워크시트에서 "연필" 제품에 대해서만 "종류", "재고", "재고율" 데이터를 이용하여 차트를 생성합니다. 가로축 레이블은 "종류"로 설정하고, "재고"는 묶은 세로 막대형, "재고율"은 보조 축을 사용하는 꺾은선형으로 표시합니다. 그런 다음 차트 제목을 A1 셀과 연결합니다.

확인 2. "원산지"가 대한민국과 중국인 데이터만 표시하는 슬라이서를 "분석" 워크시트에 추가합니다.

확인 3. "분석" 워크시트에 "연필"과 "지우개"인 제품의 재고 합계를 표시하는 묶은 가로 막대형 피벗 차트를 만드시오.

확인 4. "교육 현황 분석" 워크시트에서 피벗 테이블의 총합계 열을 제거합니다.

확인 5. "교육 현황 분석" 워크시트에서 차트를 수정하여 "초등학교"의 모든 지역에 대해서 각 담당자들의 데이터 값을 나타내시오.

확인 6. "평가표" 워크시트의 차트에서 "기말고사" 계열에 "이동 평균" 추세선을 추가합니다.

확인 7. "평가표" 워크시트에 있는 차트를 "교육 현황 차트"라는 이름으로 서식 파일로 Charts 폴더에 저장합니다.

확인 8. "요약" 워크시트에 표시된 제품에 대해 1사분기, 2사분기의 최댓값을 보여 주는 표식이 있는 꺾은선형 피벗 차트를 만듭니다.

확인 9. "지역"이 각 "제품" 안에 그룹화되도록 "요약" 워크시트를 수정합니다. 행 레이블은 축소하여 제품만 표시합니다.

확인 10. "영업 현황" 워크시트에 있는 요약 표시된 데이터를 표 형식으로 표시하고, 각 지역의 다음에 빈 줄을 삽입하시오.

확인 11. "영업 현황" 워크시트 K5 셀에 GETPIVOTDATA를 사용하여 지역 "광주"의 관할지점 "나"에 대한 3사분기 합계를 계산합니다.

확인 12. "제품별" 워크시트에서 "관할 지점" 필드를 해당 피벗 차트의 필터로 추가합니다.

확인 13. 색상 테마를 "종이"로 변경한 후, 해당 테마를 "교육"이라는 테마로 기본 위치에 저장하시오.

CHAPTER 05

MOS Excel 2016 Expert

수식 탭

함수를 삽입하거나 수식을 분석하는 등 수식과 관련된 도구들로 구성되어 있습니다.

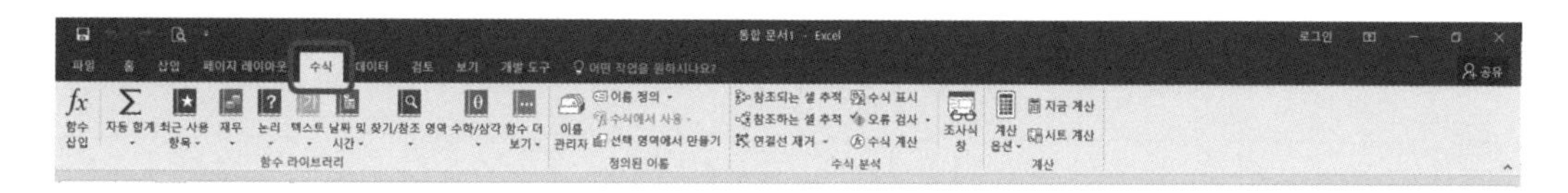

SECTION 1 함수 라이브러리 그룹

번	함수명	비고
텍스트 함수		
1	LEFT	지정한 문자열의 왼쪽에서 지정한 개수만큼 문자를 추출합니다. =LEFT(문자열 , 추출할 문자의 개수)
2	RIGHT	지정한 문자열의 오른쪽 끝에서 지정한 개수만큼 문자를 추출합니다. =RIGHT(문자열 , 추출할 문자의 개수)
3	MID	지정한 문자열에서 지정된 시작 위치부터 지정한 개수만큼 문자를 추출합니다. =MID(문자열, 추출할 문자의 시작 위치, 추출할 문자의 개수)

예제 문제

Q1. "텍스트 함수" 워크시트에서 "고객" 열을 이용하여 이름(왼쪽 3글자), 주민등록 번호(오른쪽 14글자), 성별 코드(12번째에 있는 1글자)를 해당 열에 표시합니다.

날짜/시간 함수		
4	YEAR	지정된 날짜 데이터에서 연도를 추출하여 표시합니다. =YEAR(날짜)
5	MONTH	지정된 날짜 데이터에서 월을 추출하여 표시합니다. =MONTH(날짜)
6	DAY	지정된 날짜 데이터에서 일을 추출하여 표시합니다. =DAY(날짜)
7	TODAY	현재의 날짜를 표시합니다. =TODAY()
8	NOW	현재의 날짜와 시간을 표시합니다. =NOW()
9	WEEKDAY	날짜에 대한 요일 값을 숫자로 표시합니다. =WEEKDAY(날짜, 옵션값)

예제 문제

Q2. "날짜 시간 함수" 워크시트에서 B4 셀에 입력된 날짜 값에서 연도, 월, 일을 추출하여 C10:C12 셀 범위에 표시합니다.

Q3. "날짜 시간 함수" 워크시트의 C3 셀에는 B4 셀의 날짜 값에 대한 요일 값을 숫자로 표시하시오. 결괏값은 월요일이 1로 나타나는 유형을 사용합니다.

Q4. "날짜 시간 함수" 워크시트의 F10 셀에 현재 날짜 값을 표시하는 함수를, F11 셀에는 현재 날짜 및 시간 값을 표시하는 함수를 사용합니다.

통계, 수학/삼각 함수		
10	SUM	지정한 셀이나 범위의 합계를 구합니다. =SUM(셀 또는 셀 범위)
11	AVERAGE	지정한 셀이나 범위의 평균을 구합니다. =AVERAGE(셀 또는 셀 범위)

12	MAX	지정한 셀이나 범위의 최댓값을 구합니다. =MAX(셀 또는 셀 범위)
13	MIN	지정한 셀이나 범위의 최솟값을 구합니다. =MIN(셀 또는 셀 범위)
14	COUNT	지정한 셀이나 범위의 숫자 데이터의 개수를 구합니다. =COUNT(셀 또는 셀 범위)
15	SUMIF	셀 범위 1에서 조건 1에 맞는 셀에 대하여 셀 범위의 합계를 구합니다. =SUMIF(셀범위 1, 조건 1, 셀 범위)
16	AVERAGEIF	셀 범위 1에서 조건 1에 맞는 셀에 대하여 셀 범위의 평균을 구합니다. =AVERAGEIF(셀 범위1, 조건 1, 셀 범위)
17	COUNTIF	셀 범위 1에서 조건 1에 맞는 셀의 개수를 구합니다. =COUNTIF(셀 범위 1, 조건 1)
18	SUMIFS	셀 범위 1의 조건 1과 셀 범위 2의 조건 2에 맞는 셀에 대하여 셀 범위의 합계를 구합니다. =SUMIFS(셀 범위, 셀 범위 1, 조건 1, 셀 범위 2, 조건 2)
19	AVERAGEIFS	셀 범위 1의 조건 1과 셀 범위 2의 조건 2에 맞는 셀에 대하여 셀 범위의 평균을 구합니다. =AVERAGEIFS(셀 범위, 셀 범위 1, 조건 1, 셀 범위 2 조건 2)
20	COUNTIFS	셀 범위 1의 조건 1과 셀 범위 2의 조건 2에 맞는 셀의 개수를 구합니다. =COUNTIFS(셀 범위 1, 조건 1, 셀 범위 2, 조건 2)

예제 문제

Q5. **"기본" 워크시트에서 응시자의 총점(L열), 평균(M열), 최고 점수(N열), 최저 점수(O열)를 함수를 사용하여 표시합니다.**

Q6. **"기본" 워크시트 C19 셀에 성명 값을 이용하여 응시자 수를 계산하여 표시합니다.**

Q7. **"조건부 계산" 워크시트의 N4:N6 셀에 거래처가 영등포문구인 데이터에 대하여 금액의 합계, 수량의 평균, 그리고 개수를 표시합니다.**

Q8. **"조건부 계산" 워크시트에서 코드가 D로 시작하고 수량이 50 이상인 데이터에 대하여 금액의 합계, 단가의 평균, 그리고 개수를 Q4:Q6 셀에 표시합니다.**

논리 함수		
21	AND	조건 수식들을 검사하여 모두 만족하면 TRUE, 그렇지 않으면 FALSE로 표시합니다. =AND(조건 1, 조건 2, 조건 3…)
22	OR	조건 수식들을 검사하여 하나라도 만족하면 TRUE, 그렇지 않으면 FALSE로 표시합니다. =OR(조건 1, 조건 2, 조건 3…)
23	IF	조건 수식을 검사하여 만족할 때와 만족하지 않을 때에 표시할 값을 각각 지정하여 표시합니다. =IF(조건, 만족할 때의 값, 그렇지 않을 때의 값)
24	IF, AND	조건 수식들을 검사하여 모두 만족할 때와 만족하지 않을 때에 표시할 값을 각각 지정하여 표시합니다. =IF(AND(조건 1, 조건 2), 모두 만족할 때의 값, 그렇지 않을 때의 값)
25	IF, OR	조건 수식들을 검사하여 하나라도 만족할 때와 만족하지 않을 때에 표시할 값을 각각 지정하여 표시합니다. =IF(OR(조건 1, 조건 2), 하나라도 만족할 때의 값, 그렇지 않을 때의 값)
26	IFERROR	데이터나 식의 결괏값을 표시하고, 오류인 경우에 지정된 값을 표시합니다. =IFERROR(데이터 또는 식, 오류인 경우 표시할 값)

예제 문제

Q9. **"논리 함수" 워크시트에서 3개의 과목 값이 모두 40 이상이면 "TRUE", 아니면 "FALSE"를 I4:I23 셀에 표시합니다.**

Q10. **"논리 함수" 워크시트에서 3개의 과목 값이 하나라도 40 미만이면 "TRUE", 아니면 "FALSE"를 J4:J23 셀에 표시합니다.**

Q11. **"논리 함수" 워크시트에서 "평균" 값이 60 이상이면 "PASS", 아니면 "FAIL"을 K4:K23 셀에 표시합니다.**

Q12. **"논리 함수" 워크시트에서 "출석률" 값이 80% 이상이고, "평균" 값이 70 이상이면 "50", 아니면 "10"을 L4:L23 셀에 표시합니다.**

Q13. **"논리 함수" 워크시트에서 "평균" 값이 80 이상이면 "1", 60 이상이면 "2", 그 외의 값이면 "0"을 M4:M23 셀에 표시합니다.**

Q14. "논리 함수" 워크시트의 N4:N23 셀에 추가 지급 값을 표시합니다.
추가 지급 = ("장학금" + "장학금" / "추가") 계산식을 사용하고, ERROR가 있으면 장학금(L열) 값을 표시합니다.

찾기/참조 함수		
27	VLOOKUP	참조 범위의 첫 열에서 값을 찾아서 원하는 항목(열) 값을 추출합니다. =VLOOKUP(찾는 값, 참조 범위, 원하는 항목의 위치(열 번호), 찾을 옵션)
28	HLOOKUP	참조 범위의 첫 행에서 값을 찾아서 원하는 항목(행) 값을 추출합니다. =HLOOKUP(찾는 값, 참조 범위, 원하는 항목의 위치(행 번호), 찾을 옵션)
29	INDEX	범위에서 행 번호에 위치하는 셀의 값을 추출합니다. =INDEX(범위, 행 번호)

예제 문제

Q15. "참조 함수 1" 워크시트에서 "코드 1" 값으로 부서명 코드표를 참조하여 "부서" 값을 가져오는 수식을 추가합니다. E6:E65 셀에 표시합니다.

Q16. "참조 함수 1" 워크시트에서 "코드 2" 값으로 지점명 코드표를 참조하여 "지점" 값을 가져오는 수식을 추가합니다. F6:F65 셀에 표시합니다.

Q17. "참조 함수 1" 워크시트에서 "연수 점수" 값으로 성적 등급표를 참조하여 "성적 등급" 값을 가져오는 수식을 추가합니다. I6:I65 셀에 표시합니다.

Q18. "참조 함수 1" 워크시트에서 "연수 점수" 값으로 구분표를 참조하여 "구분" 값을 가져오는 수식을 추가합니다. J6:J65 셀에 표시합니다.

Q19. "참조 함수 2" 워크시트에서 S6 셀(사원명 연결)의 조회 값으로 사원 연수 결과표의 "부서" 값을 가져오는 Index 함수 수식을 S7 셀에 추가합니다.

재무 함수		
30	PMT	일정 금액(대출금액)에 고정 이율을 적용하여 일정 기간 동안 납입할 대출 상환금이나 할부금을 계산합니다. =PMT(이율, 기간, 현재 금액, 미래 가치, 납입 시점)

예제 문제

Q20. "재무 함수" 워크시트에서 B7 셀에 매월 초에 월별 납입 금액을 계산하는 수식을 추가합니다. 금액에서 초기 불입 금액은 빼기합니다.

SECTION 2 수식 분석 그룹

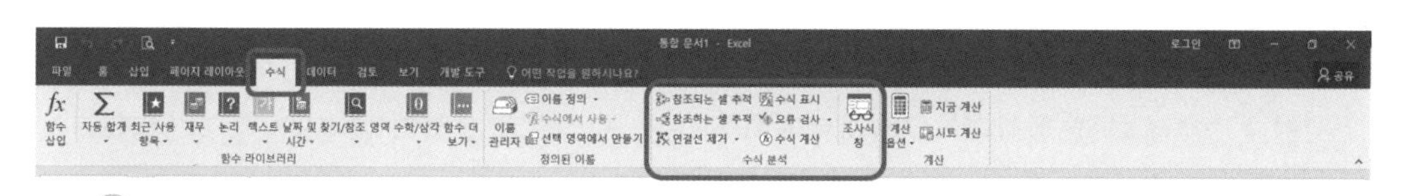

예제 문제

Q1. "2024년도" 워크시트의 L9 셀을 직접 또는 간접적으로 참조하는 모든 셀을 표시합니다.

Q2. "결과표" 워크시트에서 E6 셀에 조사식을 추가합니다.

SECTION 3 정의된 이름 그룹

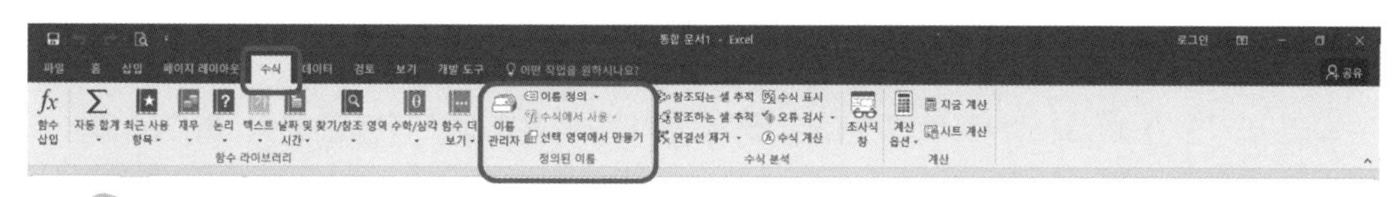

예제 문제

Q1. "신청서" 워크시트에서 E5:E6의 범위 이름을 "성별"로 지정합니다. 이름 상자를 이용합니다.

Q2. "신청서" 워크시트에서 G5:G10의 범위 이름을 "지역"으로 지정합니다. 해당 범위는 통합 문서로 설정합니다.

Q3. "연수 점수표" 워크시트에서 정의된 이름 "코드표"의 참조 대상을 L7:M10으로 편집하여 변경합니다.

<확인 학습 03>

파일 불러오기	확인학습 3_01

확인 1. "결제 대금 계산기" 워크시트에서 하나의 함수를 사용하여 셀 G3에 현재 날짜와 시간을 추가합니다. 그런 다음 G3 셀의 날짜 값에 대한 요일 값을 I3 셀에 숫자로 표시합니다. 요일 값은 일요일이 1, 토요일이 7로 표시되는 유형을 사용합니다.

확인 2. "결제 대금 계산기" 워크시트의 셀 D14에 결제 기한이 매월 초라고 하고, 월별 결제금액을 계산하는 수식을 추가합니다. 원금에서 "계약금"을 뺍니다.

확인 3. "평가 1" 워크시트에서 "점수 1"과 "점수 2"의 평균이 "전년도 평점" 이상이거나, "추가 점수"를 2.5로 나눈 값보다 큰 경우 "예"를 표시하는 수식을 J열에 표시합니다. 그렇지 않으면 "아니오"를 표시합니다.

확인 4. "평가 1" 워크시트에 있는 M2 셀에 수식을 사용하여 "전년도 평점"이 70보다 크고 "사원" 직책을 가진 사람의 인원수를 계산합니다.

확인 5. "평가 2" 워크시트에서 I열에 AND 함수를 입력하여 세 평가에 모두 응시한 경우 TRUE를 표시하고, 그 외의 경우에는 FALSE를 표시합니다. 시험에 응시하지 않음은 "불참"으로 표시됩니다.

확인 6. "개인별 신청 현황" 워크시트의 K6 셀에 "부서 지원금"이 표시되도록 함수를 입력합니다. "조건표" 워크시트의 부서별 지원금 표에서 G6 셀에 선택된 부서명 값에 해당하는 "부서 지원금"을 가져오기합니다.

확인 7. "연수 점수표" 워크시트 D열에 C열 값과 TODAY, YEAR 함수를 이용하여 나이를 표시합니다. 나이 값은 오늘 날짜의 연도 값에서 "생년월일" 열의 연도 값을 빼기하여 계산합니다.

확인 8. "연수 점수표" 워크시트 J열에 AND와 OR 함수를 사용하여 각 사원의 지점에 따른 점수 커트라인을 초과한 경우 TRUE를 표시합니다. 그 외의 경우에는 FALSE를 표시합니다. 지점별 점수 커트라인은 N7 셀의 이미지를 참고합니다.

확인 9. "연수 점수표" 워크시트의 N14 셀에 하나의 조건부 평균 함수를 사용하여 "기획부" 부서의 "민국" 지점에 대한 "연수 점수"의 평균을 계산합니다.

확인 10. "신청 현황" 워크시트의 J열에 일정이 "당일"이고 여행 분류가 "축제"이거나 "먹거리"일 때 "제안 1"을 그렇지 않은 경우 "제안 2"를 표시합니다.

확인 11. "POINT 계산기" 워크시트의 B6 셀에 "POINT"와 "지원 POINT" 값을 조회한 후 "2개 과목의 POINT"를 계산하는 INDEX 함수를 추가합니다. 2개 과목의 POINT는 "과목 1의 POINT" + "과목 1의 지원 POINT" + "과목 2의 POINT" + "과목 2의 지원 POINT" 수식을 사용하여 계산합니다.

파일 불러오기 확인학습 3_02

확인 1. "현황" 워크시트의 "재입고" 열에 OR 함수를 사용하여 "입고"가 제품의 평균 "입고"보다 크거나 "출고"가 "30,000"보다 큰 경우이면 TRUE가 표시되도록 합니다. 그렇지 않으면 FALSE를 표시합니다.

확인 2. "현황" 워크시트의 H열에 하나의 수식을 사용하여 제품이 "연필" 또는 "노트" 이고, 재고가 14,000보다 큰 경우 "확인"을 표시하고, 그렇지 않은 경우 "보류" 를 표시합니다.

확인 3. "코드별 매출" 워크시트의 H6 셀에 H4 셀의 제품 코드 조회 값을 이용하여 2023년도 매출 합계를 계산하는 INDEX 함수를 추가합니다. 2023년도 매출 합계는 "매출" 워크시트의 "2023년도 전반기"와 "2023년도 후반기" 매출을 더하는 수식으로 계산합니다.

확인 4. "코드별 매출" 워크시트의 H12:H16 범위에 "매출" 워크시트에서 "제품 코드" 에 대한 "2024년도 전반기" 값을 가져오는 VLOOKUP 함수 수식을 작성합니다. G열의 당사 보유의 "제품 코드" 값을 이용합니다.

확인 5. "코드별 매출" 워크시트에서 A4:A7 범위의 이름을 "지점"으로 지정합니다. 해당 범위는 통합 문서로 설정합니다.

확인 6. 지점이 "부산"이고, 제품 코드가 "경"으로 시작하는 총매출의 합계를 계산하는 조건부 합계 함수를 "매출" 워크시트의 K5 셀에 작성합니다.

확인 7. "매출" 워크시트의 G열에 AND와 OR 함수를 사용하여 "지점"에 따른 "총매출" 값이 성과 달성 조건에 맞는 경우 TRUE를 표시하고, 그 외의 경우에는 FALSE를 표시하시오. 성과 달성 조건은 L10:N12 셀 범위의 내용을 참조합니다.

확인 8. "교육 현황" 워크시트에서 "개인 성적"이 "교육 성과 목표"보다 크거나 "개인 성적"의 평균보다 크면 "달성"이라고 표시하는 수식을 J열에 추가합니다. 그렇지 않을 경우 "미달성"이라고 표시합니다.

확인 9. "사하구"의 1평당(만 원) 가격이 2,000 이상인 1평당(만 원) 가격의 평균을 계산하는 수식을 "시세 순위" 워크시트의 G5 셀에 작성합니다.

확인 10. "영업 현황" 워크시트의 A열 값과 NOW, YEAR 함수를 이용하여 B열 값을 표시합니다. B열의 "Since" 값은 오늘 날짜의 연도 값에서 "개점 연도" 값을 빼기하여 표시합니다.

확인 11. "영업 현황" 워크시트의 G열에 전반기와 후반기 값이 하나라도 70,000 이상이면 "TRUE"를 표시하고 그렇지 않으면 "FALSE"를 표시하는 단일 논리 함수를 사용하는 수식을 작성합니다.

CHAPTER 06

MOS Excel 2016 Expert

데이터 탭

Access Database나 Web Page 등의 외부 데이터를 가져오거나 외부의 새로운 엑셀 문서를 연결하여 데이터 연결 작업을 할 수 있습니다. 데이터를 정렬 또는 필터링하여 원하는 데이터만 추출하기도 하고, 데이터 유효성 검사를 통해 원하는 데이터만 입력할 수 있도록 제한하고, 잘못된 데이터를 추출할 수도 있습니다. 가상 분석을 통해 데이터 예측, 부분 합을 사용하여 데이터를 그룹화할 수도 있습니다.

SECTION 1 데이터 도구 그룹

예제 문제

Q1. "신청서" 워크시트의 C5 셀에 사용자가 F5:F10 셀의 내용 중 하나의 목록을 선택할 수 있도록 데이터 유효성 검사를 추가합니다.

Q2. "신청서" 워크시트의 C6 셀에 사용자가 18보다 작은 값 또는 39보다 큰 값 또는 소수점 자리가 포함된 값을 입력하는 경우 "유효하지 않음"이라는 제목의 중지 스타일을 사용하여 "18에서 39까지의 정수를 입력하세요"라는 오류 메시지를 표시하는 데이터 유효성 검사를 추가합니다.

Q3. “특별 교육” 워크시트의 E4:H15 셀에 0에서 100까지의 정숫값이 입력되도록 데이터 유효성 검사를 추가합니다. 그런 다음 0에서 100까지의 정수가 아닌 잘못된 데이터에는 동그라미 표시를 합니다.

Q4. “매출 보고서” 워크시트의 B3:D7 셀에 “1사분기” ~ “4사분기” 워크시트의 데이터를 평균 내어 통합 표시합니다. 첫 행 및 왼쪽 열을 레이블로 사용합니다.

SECTION 2 가져오기 및 변환 그룹

예제 문제

Q1. “Chapter 6” 폴더에 있는 “CD 목록.xlsx” 파일의 “4번” 워크시트를 사용하여 현재 문서 “4번 박스” 워크시트의 A3 셀로 쿼리를 불러옵니다. “영화 제목”, “감독”, “주인공” 및 “장르” 열만 포함되도록 추가합니다.

SECTION 3 예측 그룹

예제 문제

Q1. “결제 대금 계산기” 워크시트에서 Excel 예측 기능을 사용하여, “결제 금액” 값이 600,000원이 되도록 “계약금”을 계산합니다.

CHAPTER 07

MOS Excel 2016 Expert

검토 탭

입력한 데이터의 내용을 확인하고 맞춤법을 검사하거나 언어를 번역, 언어를 교정할 수 있습니다. 메모를 입력하고 편집, 삭제하며, 또한 시트를 보호 또는 공유할 수 있습니다.

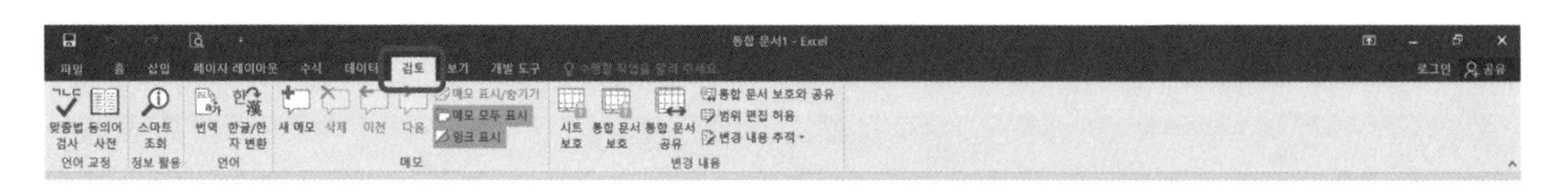

SECTION 1 변경 내용 그룹 - 시트 보호

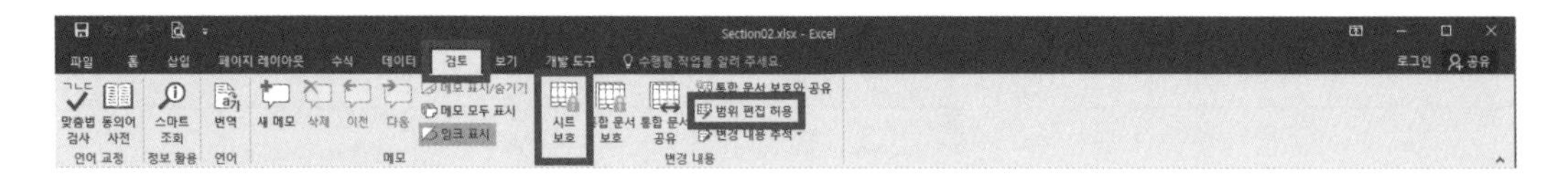

예제 문제

Q1. "상자 만들기" 워크시트에 시트 보호 암호를 "1122"로 설정하여 문서를 보호합니다. 이때 워크시트에서 개체 편집 허용을 추가하여 보호하도록 설정합니다.

Q2. "단축키" 워크시트의 B2:E7에 암호를 사용하여 편집 범위를 설정합니다. 범위 제목은 "선택 관련 단축키"라고 하고, 암호는 "123"으로 지정합니다. 그런 다음 시트 보호 암호를 "456"으로 설정하여 문서를 보호합니다.

Q3. "말풀이" 워크시트에서 사용자가 I6:I7 셀과 C9:E9 셀 범위만 입력할 수 있도록 셀 잠금을 해제한 후 시트를 보호합니다. 시트 보호 암호는 "789"로 합니다.

CHAPTER 08

MOS Excel 2016 Expert

보기 탭

화면 및 인쇄 장치로 출력되는 모습을 보여 주며, 페이지 레이아웃을 변경하거나 페이지 나누기를 미리보기로 확인할 수 있으며, 화면을 확대 또는 축소합니다. 매크로 등을 실행할 수 있고 데이터 입력이나 편집이 편하도록 틀 고정이나 창 나누기, 정렬 등을 할 수 있습니다.

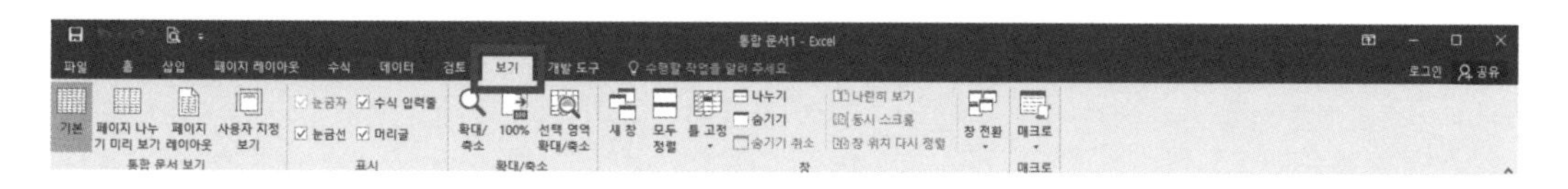

SECTION 1 통합 문서 보기 그룹 변경 내용 그룹 - 시트 보호

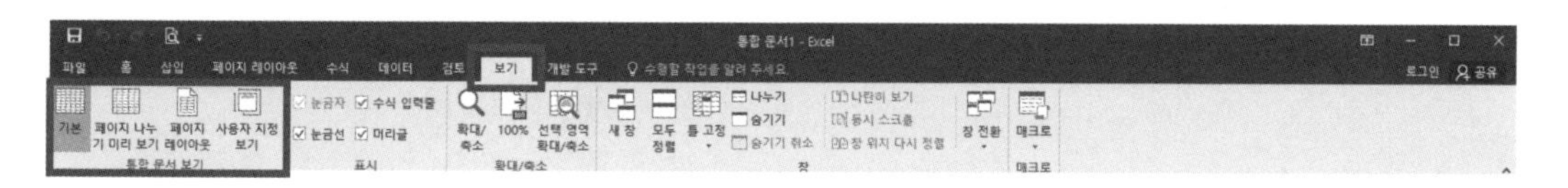

예제 문제

Q1. "페이지 나누기 미리보기"로 통합 문서 보기를 변경합니다.

Q2. "기본"으로 통합 문서 보기를 변경합니다.

Q3. "페이지 레이아웃" 보기로 변경한 후 머리글 가운데 영역에 "월말 보고서"를 입력합니다.

SECTION 2 표시 그룹

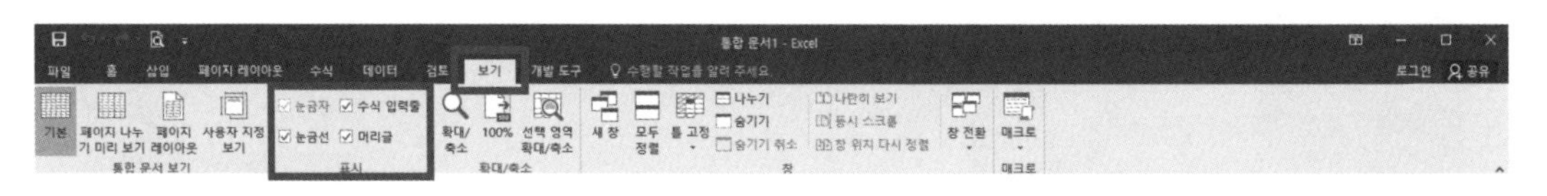

예제 문제

Q1. "수식 입력줄"을 화면에서 제거합니다.

Q2. "눈금선"을 화면에서 제거합니다.

Q3. "수식 입력줄"과 "눈금선"을 화면에 나타냅니다.

MOS Excel 2016 Expert

개발도구 탭

기본적인 환경에서는 표시되지 않아서 Excel 옵션 대화상자에서 표시할 수 있습니다. 매크로의 기록, 수정, 삭제를 하고 다양한 컨트롤을 삽입, 편집하며, 매크로 보안을 설정할 수 있습니다. XML 문서를 가져오거나 내보낼 수도 있습니다.

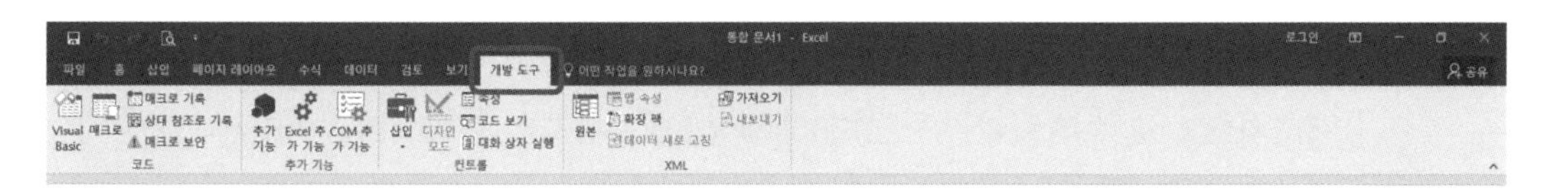

SECTION 1 코드 그룹 - 매크로/컨트롤 그룹

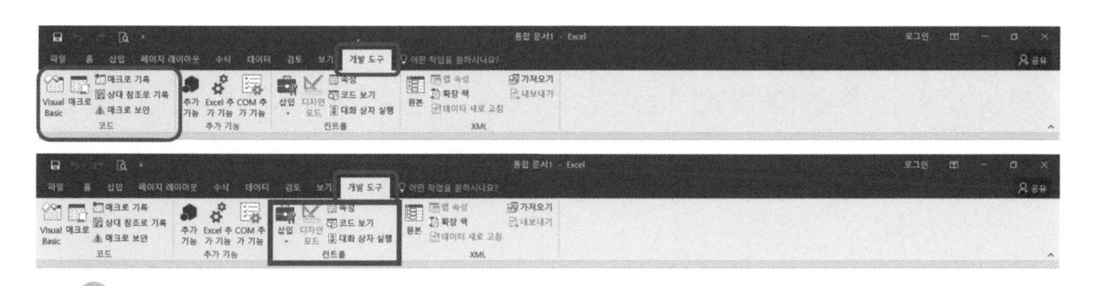

예제 문제

Q1. 디지털 서명된 매크로만 활성화시킵니다.

Q2. "성적표 1" 워크시트의 D6 셀에 콤보 상자 양식 컨트롤을 삽입합니다. 이때 컨트롤 서식에 "부서별 점수" 워크시트의 M열에 있는 여섯 개의 이름을 범위로 사용하고 B1 셀에 연결되도록 합니다.

Q3. "성적표 2" 워크시트의 G4 셀에 "기획부" 텍스트로 표시되는 옵션 단추 양식 컨트롤을 삽입합니다. 이때 A1 셀에 연결되도록 컨트롤 서식을 설정합니다.

<확인 학습 04>

확인 1. "요약" 워크시트의 E3 셀에 콤보 상자 양식의 컨트롤을 삽입하시오. 이 컨트롤의 서식으로 범위에는 "영업 현황" 워크시트의 K열에 있는 5개의 제품을 사용하고 F3 셀과 연결되도록 하시오.

확인 2. "영업 현황" 워크시트의 E5:H69 범위에 사용자가 1,000보다 작은 값 또는 40,000보다 큰 값 또는 소수점 자리가 포함된 값을 입력하는 경우 오류 메시지를 표시하는 데이터 유효성 검사를 설정합니다. 스타일은 "중지", 제목은 "다시 입력하시오", 오류 메시지는 "1,000에서 40,000까지만 입력 가능"이라는 텍스트를 사용합니다.

확인 3. Excel 예측 기능을 사용하여 땅땅바의 평균이 600,000으로 되기 위한 지역 "대구" 값을 "제품별" 워크시트에서 계산합니다.

확인 4. 쿼리를 사용하여 "확인 학습" 폴더에 있는 "책 판매" 엑셀 파일 데이터를 "책" 워크시트의 B2 셀에서 시작하여 셀들을 불러옵니다. "분야"와 "3월" 열만 포함합니다.

확인 5. "수강료" 워크시트의 E4:E8 셀에 암호를 사용하여 편집 범위를 설정합니다. 범위 제목은 "할인율"로 하고, 암호는 "111"으로 지정합니다. 그런 다음 시트 보호 암호를 "222"으로 설정하여 문서를 보호합니다.

1회 모의고사

프로젝트 1

당신은 세계 최대의 조선 회사인 알파에 근무하고 있습니다. 직원들의 교육 성적을 처리하고 분석할 수 있게 해 주는 스프레드시트를 만드는 중입니다.

작업 1) "점수" 워크시트 K열에 AND와 OR 함수를 사용하여 직책에 따른 평균 커트라인을 초과한 경우 TRUE를 표시합니다. 그 외의 경우에는 FALSE를 표시합니다. N1:O5 범위에 있는 직책에 따른 평균 커트라인 값을 참고합니다.

작업 2) "점수" 워크시트의 N9 셀에 하나의 조건부 평균 함수를 사용하여 "경리부" 부서의 "사원" 직책에 해당하는 "회화" 점수의 평균을 계산합니다.

작업 3) "점수" 워크시트의 L열에 직책이 "차장"이고 부서명이 "기획부"이거나 "총무부"일 때 "책임자"를, 그렇지 않은 경우는 공백을 표시합니다.

작업 4) "부서별" 워크시트 E4 셀에서 GETPIVOTDATA를 사용하여 "기획부" 부서명의 "과장" 직책의 "엑셀" 합계를 계산합니다.

작업 5) "부서별 차트" 워크시트에 각 부서명의 "문법"과 "회화" 점수의 평균을 보여 주는 묶은 세로 막대형 피벗 차트를 만듭니다. 차트에서 직책은 축소하여 숨기고, "경리부"와 "총무부" 부서 값만 표시합니다.

프로젝트 2

당신은 MOS 온라인 강의를 담당하고 있습니다. 수강료 계산에 관련된 통합 문서를 준비하고 있습니다.

작업 1) "수강료 계산기" 워크시트의 B6 셀에는 B3 셀에 조회된 과목 값에 대한 수강료 합계를 INDEX 함수를 추가하여 계산합니다. 수강료 합계는 "기본 수강료" + (참여 인원-1) x "참여 1명당 추가 수강료" 수식을 사용하고, "기본 수강료"와 "참여 1명당 추가 수강료"는 수강료 워크시트 값을 이용합니다.

작업 2) 사용자들이 워크시트를 추가, 삭제 또는 수정할 수 없도록 암호 "P@ssword"를 사용하여 통합 문서를 보호합니다.

작업 3) 디지털 서명된 매크로만 활성화합니다.

작업 4) "팀별 수강료 계산기" 워크시트의 G6:G8 범위 셀에 조사식을 추가합니다.

작업 5) "수강료 계산기" 워크시트에서 B5 셀에 B4 셀의 가입일에 해당하는 요일 값을 숫자로 나타냅니다. 요일 값은 월요일(0)에서 일요일(6)까지의 유형을 사용합니다.

프로젝트 3

백두와 한라 기업에서 근무하는 당신은 회사 사원들의 연수 결과에 대한 처리 작업을 수행하고 있습니다. 연수 데이터를 추적하고 분석하기 위해 Excel 통합 문서를 사용합니다.

작업 1) "기본 요약" 워크시트에서 차트를 수정하여 "여성" 회원에 대해서만 모든 지점의 월별 데이터를 표시합니다.

작업 2) "성별 평균값" 워크시트에서 특정 "지점" 값만 표시하는 슬라이서를 추가합니다.

작업 3) "성별 평균값" 워크시트에서 피벗 테이블의 열의 총합계만 나타냅니다.

작업 4) "데이터" 워크시트의 L4 셀에 콤보 상자 양식 컨트롤을 삽입합니다. 이때 컨트롤 서식에 "지점" 워크시트의 A열에 있는 네 개의 지점을 범위로 사용하고 L5 셀에 연결되도록 합니다.

작업 5) "데이터" 워크시트의 "심화" 값이 90 이상일 경우 녹색 원을 표시하고, 50 이상이거나 90 미만인 경우에는 노란색 원을 표시하고, 50 미만일 경우에는 빨간색 원을 표시하는 조건부 서식 규칙을 열에 적용합니다. 해당 서식은 H열에 있는 기존 행이나 새 행에 적용되어야 합니다.

프로젝트 4

당신은 Bear Family에 근무하고 있습니다. 정직, 성실에 대한 Excel 통합 문서를 만들고 있습니다.

작업 1) "현재 진행 중" 워크시트에서 C열과 D열의 값이 소수점 두 번째 자리까지 표시되도록 서식을 지정합니다. 서식은 기존 행 및 새 행들에 적용되어야 합니다.

작업 2) "현재 진행 중" 워크시트에서 Excel 예측 기능을 사용하여, "아빠곰"에 대해 "달성" 값이 120%가 되도록 "성실 점수"를 계산합니다.

작업 3) "월별 지수" 워크시트에서 모든 월의 평균 등급이 8.7보다 큰 경우, A3:A7 셀 범위에 75% 회색 무늬 스타일과 녹색 무늬 색 채우기를 적용합니다.

작업 4) "월별 지수" 워크시트에서 표 이름을 "표 1"에서 "월별"로 변경합니다.

작업 5) "월별 지수" 워크시트에서 "엄마곰"의 평균을 12월까지 예측하는 이동 평균 추세선을 추가합니다.

작업 6) 모의고사 1회 폴더에 있는 "영희네 가족.xlsx" 파일을 사용하여 "영희네" 워크시트의 A3 셀로 쿼리를 불러옵니다. "가족", "정직" 및 "성실" 열만 포함되도록 하십시오.

프로젝트 5

당신은 스프레드시트 문서를 작성하는 부서에서 근무하고 있습니다. 지금 제품 매출을 분석하는 데 사용할 Excel 통합 문서를 준비합니다.

작업 1) “세부 정보” 워크시트에서 A2 셀 값을 이용하여 A3:A32 범위 셀에 “1월”로 채웁니다. 셀 서식은 변경하지 마십시오.

작업 2) “제품” 워크시트에서 셀 E3:E33에 있는 데이터에 유로(€) 기호를 적용하십시오. 이때 기호가 숫자 뒤에 오도록 합니다. 사용자 지정 형식을 사용하지 마십시오.

작업 3) “제품” 워크시트에서 하나의 함수를 사용하여 셀 H4에 현재 날짜와 시간을 추가합니다.

작업 4) “제품” 워크시트에서 무지개 거래처에 대한 담당, 미국 가격, 한국 가격 데이터를 사용하여 묶은 세로 막대형 차트를 작성합니다.

작업 5) “판매 상황” 워크시트에서 월별로 판매 상황에 영역형 차트를, 견과류 비율에 보조축을 사용하여 꺾은선형 차트를 추가합니다.

2회 모의고사

프로젝트 1

당신은 영업 관리자가 사용할 PRODUCT 판매 관련 EXCEL 통합 문서를 작성하는 중입니다.

작업 1) “라면” 워크시트의 B12 셀에 결제 기한이 매월 초라고 하고, 월별 결제 금액을 계산하는 수식을 추가합니다. “총계”에서 “계약금”을 빼기하여 사용합니다.

작업 2) “라면” 워크시트의 B11 셀에 사용자가 1보다 작은 값 또는 3보다 큰 값 또는 소수점 자리가 포함된 값을 입력하는 경우 “다시 입력”이라는 제목의 경고 스타일을 사용하여 “1 또는 2 또는 3을 입력합니다.”라는 오류 메시지를 표시하는 데이터 유효성 검사를 실행합니다.

작업 3) “보유” 워크시트에서 제품의 “보유량”이 “전월 판매량” 개수의 두 배 이상이고, 해당 제품의 “연간 매출”을 12로 나눈 값보다 큰 경우 “예”를 표시하는 수식을 J열에 나타내고, 그렇지 않으면 “아니오”를 표시합니다.

작업 4) “보유” 워크시트에서 “전월 판매량”의 숫자가 “보유량”의 30% 미만인 경우, 해당 텍스트에 기울임꼴 서식을 지정하고, RGB 색상 “200”, “0”, “80”을 지정하여 데이터 행의 모든 텍스트에 적용합니다.

작업 5) “판매 분석” 워크시트에서 제품들이 각 주문 연도 안에 그룹화되도록 차트를 수정합니다.

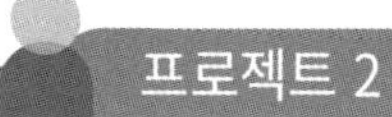

당신은 프로젝트 기획에 관한 자료들을 추적하기 위한 통합 문서를 준비하고 있습니다.

작업 1) 개발 도구 탭을 리본 메뉴에 표시합니다.

작업 2) 수식을 포함하고 있는 셀들이 수동으로 재계산되거나 통합 문서가 저장되기 전에 항상 다시 계산되도록 계산 옵션을 변경합니다.

작업 3) "작업 일정" 워크시트의 B3 셀에 "담당 파트" 워크시트에서 "총감독자"에 배정된 사람의 성명이 표시되도록 함수를 입력합니다.

작업 4) "작업 일정" 워크시트 D열에 C열 값과 NOW, YEAR 함수를 이용하여 "연수"를 계산합니다. 연수 값은 오늘 날짜의 연도 값에서 "시작 연도" 값을 빼기하여 계산합니다.

작업 5) "예상 비용"워크시트의 B3 셀을 직접 또는 간접적으로 참조하는 모든 셀을 표시합니다.

작업 6) "총금액" 워크시트에서 A2:B5의 범위 이름을 "기본"으로 지정합니다. 해당 범위는 통합 문서로 설정합니다.

당신은 One or two 기업의 교육 신청자를 관리하기 위하여 보고서를 준비하고 있습니다.

작업 1) “신청 현황” 워크시트의 L5:L58의 범위에 적용된 조건부 서식 규칙을 수정하여 평균보다 작은 값들이 모두 자주색 기울임 글꼴로 표시되도록 설정합니다.

작업 2) “신청 현황” 워크시트에 있는 P5 셀에 수식을 사용하여 6월 신청자 수가 100명을 초과하는 “중국어” 과정의 개수를 계산합니다.

작업 3) 각 과정별로 3월 중 가장 많은 신청자 수를 “1사분기” 워크시트의 D열에 새로이 추가합니다.

작업 4) “1사분기” 워크시트에서 “과정” 아래에 “부서명” 행을 추가합니다.

작업 5) “과정별 분기 매출” 워크시트의 B3:E5에 암호를 사용하여 편집 범위를 설정합니다. 범위 제목은 “분기 매출”이라고 하고, 암호는 “111”로 지정합니다. 그런 다음 시트 보호 암호를 “000”로 설정하여 문서를 보호합니다.

당신은 Donation 관련 업무를 담당하고 있습니다. 기부자들의 기부액을 분석하기 위해 Excel 통합 문서 작성을 하고 있습니다.

작업 1) "기부자 코드번호" 워크시트에서 표의 이름을 "코드"로 지정합니다.

작업 2) "기부 현황" 워크시트에서 I열에 AND 함수를 입력하여 기부자가 1차, 2차, 3차 모두에 기부한 경우는 TRUE를 표시하고, 그 외의 경우에는 FALSE를 표시합니다.

작업 3) "기부 현황" 워크시트에 있는 데이터를 사용하여 "지역별 기부" 워크시트에 "기부합"의 평균을 구하는 피벗 차트를 만듭니다. 가로축에는 "지역"과 "연령" 값이 표시되도록 합니다.

작업 4) "기부 현황" 워크시트에 있는 데이터를 사용하여 각 지역의 "1차" 기부 금액을 보여주는 피벗 차트를 새로운 워크시트에 만듭니다. "지역"을 축(범주)으로 사용합니다. 새 워크시트의 이름은 "지역별 1차"로 하고, "기부 현황" 워크시트 뒤에 위치합니다.

작업 5) 테마 색상을 회색조로 변경하고 해당 테마의 이름을 "흐린색"으로 하여 현재 위치에 저장합니다.

프로젝트 5

당신은 Housing Finance 사무실에서 근무하고 있습니다. 주택 등락 폭을 분석하는 데 사용할 EXCEL 통합 문서를 준비하고 있습니다.

작업 1) "등락 폭" 워크시트에서 제품의 "3월" 값이 "1월", "2월", "3월" 값의 평균보다 크거나, "2월" 등락 폭의 1.5배 이상인 경우는 "참고 대상"을 표시하고, 그렇지 않으면 공백을 표시하는 수식을 F열에 나타냅니다.

작업 2) "등락 폭" 워크시트에서 "1월"의 등락 폭이 "3월"의 등락 폭의 80% 값보다 작고, 1월 전체 평균보다 큰 경우, 데이터 행의 모든 텍스트에 글꼴 색을 빨강으로 적용합니다.

작업 3) "등락 폭" 워크시트의 A3:F16 셀 내용을 표로 만들어 표시합니다. 머리글 포함을 사용하고, "표 스타일 보통 4"라는 표 스타일을 적용합니다. 그런 다음 표를 범위로 변환합니다.

작업 4) "단지별" 워크시트에서 "주택지"가 각 "단지" 안에 그룹화되도록 차트를 수정합니다. 행 레이블에서 필드 확장을 사용합니다.

작업 5) "단지별" 워크시트의 데이터를 개요 형식으로 표시하고, 각 단지 다음에 빈 줄을 삽입합니다.

MOS

3장
Powerpoint 2016 CORE

Powerpoint 2016 Core 시험 평가 항목

Powerpoint 2016 Core 시험 평가 항목
[시험 시간 50분 / 합격 점수 1,000점 중 700점 이상 합격]

Skill Set	시험 구성
프레젠테이션 만들기 및 관리	• 프레젠테이션 만들기 • 슬라이드 삽입 및 서식 • 슬라이드 정렬 및 그룹화 • 프레젠테이션 옵션과 보기 변경 • 프레젠테이션 인쇄 • 프레젠테이션 슬라이드 쇼 구성 및 표시
텍스트, 도형, 이미지 삽입 및 서식 지정	• 텍스트 삽입 및 서식 지정 • 도형 및 텍스트 상자 삽입 및 서식 지정 • 이미지 삽입 및 서식 지정 • 개체 정렬 및 그룹화
테이블, 차트 스마트아트, 미디어 삽입	• 테이블 삽입 및 서식 지정 • 차트 삽입 및 서식 지정 • 스마트아트 삽입 및 서식 지정 • 미디어 삽입 및 서식 지정
전환 및 애니메이션 적용	• 슬라이드 간 전환 적용 • 슬라이드 내용에 애니메이션 효과 주기 • 전환 및 애니메이션 타이밍 설정
여러 프레젠테이션 관리	• 여러 프레젠테이션 내용 병합 • 프레젠테이션 완성하기

Powerpoint 2016 시작 및 화면 구성

1. Powerpoint 2016 시작 화면

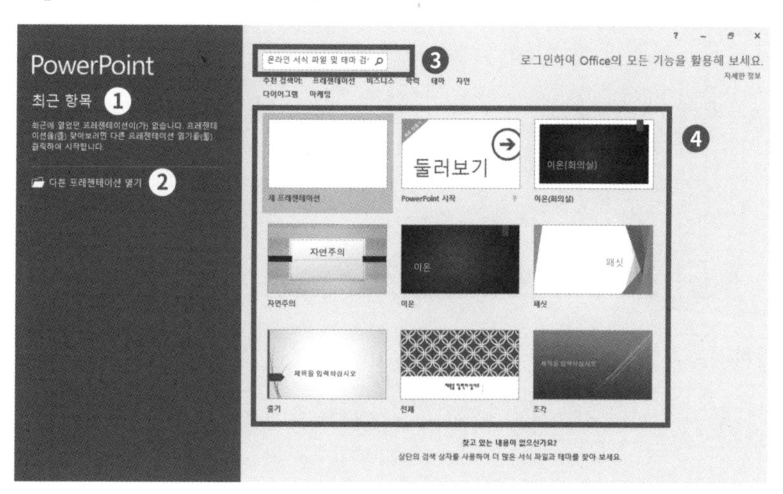

❶ 최근 항목: 최근에 사용한 파일 목록에서 프레젠테이션 문서를 선택하여 파일을 열 수 있습니다.

❷ 다른 프레젠테이션 열기: 다른 경로의 프레젠테이션 문서를 열 수 있습니다.

❸ 온라인 서식 파일 검색: office.com의 다양한 온라인 서식 파일과 테마를 검색할 수 있습니다.

❹ 예제 서식 파일: 기존 서식 파일을 이용하여 빠르게 프레젠테이션 문서를 생성할 수 있습니다.

2. Powerpoint 2016 화면 구성

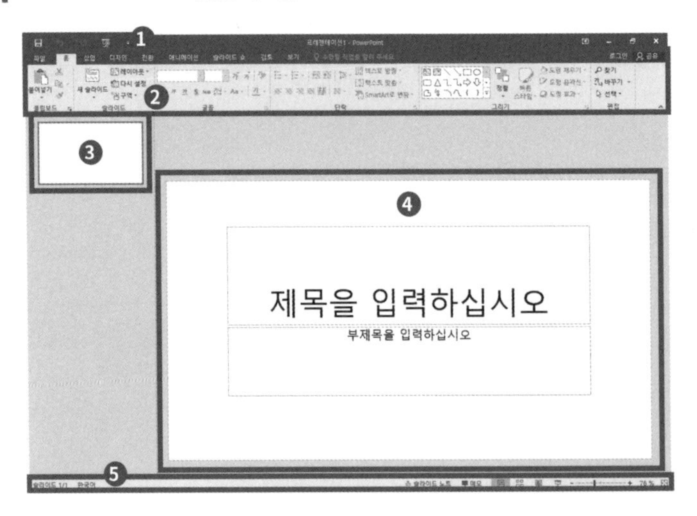

❶ 빠른 실행 도구 모음

사용자가 자주 사용하는 명령을 빠르게 실행할 수 있는 도구 모음입니다.

❷ 리본 메뉴

Powerpoint에서 사용할 수 있는 모든 명령이 제공되며 관련된 기능을 탭 - 그룹 - 명령 순으로 분류되어 표시됩니다.

❸ 미리보기 창

현재 작업 중인 프레젠테이션의 전체 슬라이드를 미리보기 창에 표시하고 선택할 수 있습니다.

❹ 슬라이드 작업 창

실제 슬라이드 작업이 이루어지는 창입니다.

❺ 상태 표시줄

현재 작업 중인 영역의 슬라이드 번호, 디자인 테마, 보기 방식을 표시하고 화면 크기를 확대/축소로 조정할 수 있습니다.

CHAPTER 01

MOS Powerpoint 2016 CORE

파일 탭

문서를 관리할 수 있는 메뉴로 구성되어 있습니다. 새 문서를 작성하고 다양한 파일 형식으로 저장, 인쇄할 수 있고 문서의 속성 및 옵션을 관리할 수 있습니다.

SECTION 1 새 문서 만들기 및 저장

빈 화면 문서 또는 예제 서식 파일을 사용하여 다양한 디자인의 새로운 문서를 작성할 수 있고, Powerpoint 프레젠테이션 문서(*.pptx), Powerpoint 서식 파일(*.potx), PDF 문서(*.pdf), XPS 문서(*.xps), 파워포인트 서식 파일 등 다양한 형식의 파일들로 저장할 수 있습니다.

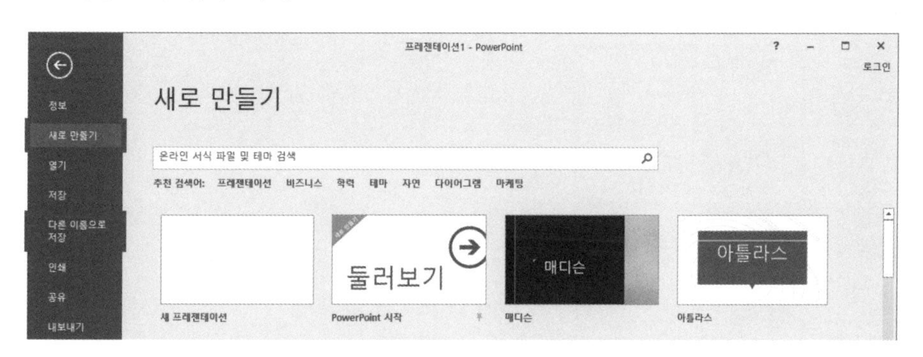

예제 문제

Q1. 빈 화면의 새 문서를 작성하고 '기획서'라는 이름으로 [문서] 폴더에 저장하고 프레젠테이션 문서는 닫습니다.

Q2. 현재 문서(Section-01)에서 조각 서식 파일을 사용하여 새 프레젠테이션 문서를 작성하고, '빅데이터 분석'이라는 이름으로 [문서] 폴더에 저장하고 닫습니다.

Q3. 현재 프레젠테이션을 "그래픽 디자인 특징-1"이라는 이름의 PDF 파일로 문서 폴더에 저장합니다.

Q4. 현재 프레젠테이션을 "그래픽 디자인 특징-2"이라는 이름의 XPS 파일로 문서 폴더에 저장합니다.

Q5. 현재 프레젠테이션을 "그래픽 템플릿"이라는 이름의 서식 파일로 문서 폴더에 저장합니다.

Q6. [첨부] 폴더의 "Pacifica.pptx"를 열고 슬라이드 2번의 "시작합니다"라는 제목을 "START"로 수정하여 "City of Pacifica.pptx"이라는 이름으로 [문서] 폴더에 저장합니다.

SECTION 2 인쇄

프레젠테이션 문서를 인쇄하는 기능으로 인쇄할 복사본 매수, 인쇄 범위, 용지 방향, 색상 등 다양한 인쇄 옵션을 설정하여 문서를 출력할 수 있습니다.

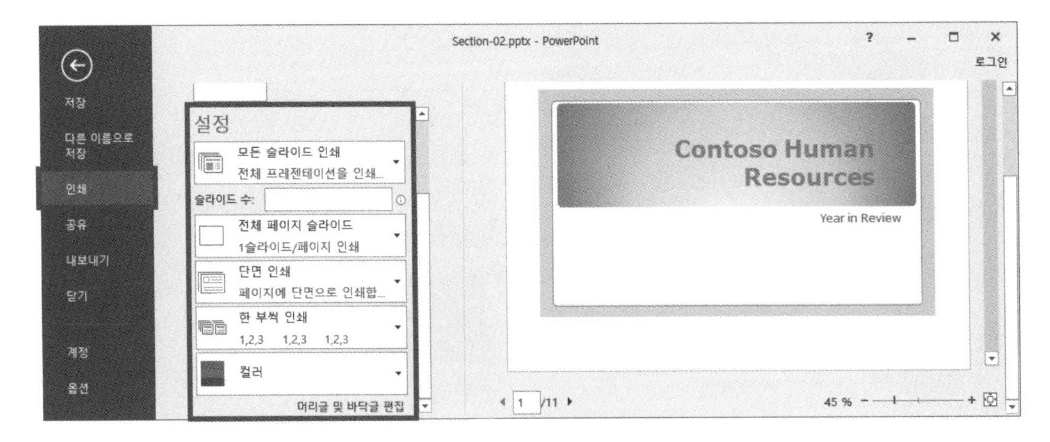

예제 문제

Q1. 페이지당 2개의 슬라이드가 있는 유인물의 복사본을 4부 인쇄하도록 인쇄 옵션을 설정합니다. 첫 페이지의 복사본 4부가 모두 인쇄된 후 두 번째 페이지의 복사본이 인쇄되어야 합니다.

Q2. "자원" 구역을 인쇄하도록 인쇄 옵션을 설정합니다.

Q3. 슬라이드 노트의 복사본이 가로 방향으로 5부 인쇄되도록 인쇄 옵션을 설정합니다. 첫 슬라이드의 복사본 5부가 모두 인쇄된 후 두 번째 슬라이드의 복사본이 인쇄되어야 합니다.

Q4. 모든 슬라이드에 대해 개요를 세로 방향으로 2부 흑백으로 인쇄하도록 인쇄 옵션을 설정합니다.

SECTION 3 문서 정보

프레젠테이션 보호, 프레젠테이션 검사, 프레젠테이션 관리 및 속성 기능을 제공하고 프레젠테이션의 열기 암호 설정 및 프레젠테이션 문서를 읽기 전용으로 설정할 수 있으며, 문서의 숨겨진 속성이나 개인정보를 검사하여 제거할 수 있고, 제목, 주제, 만든이 등의 속성값을 설정할 수 있습니다.

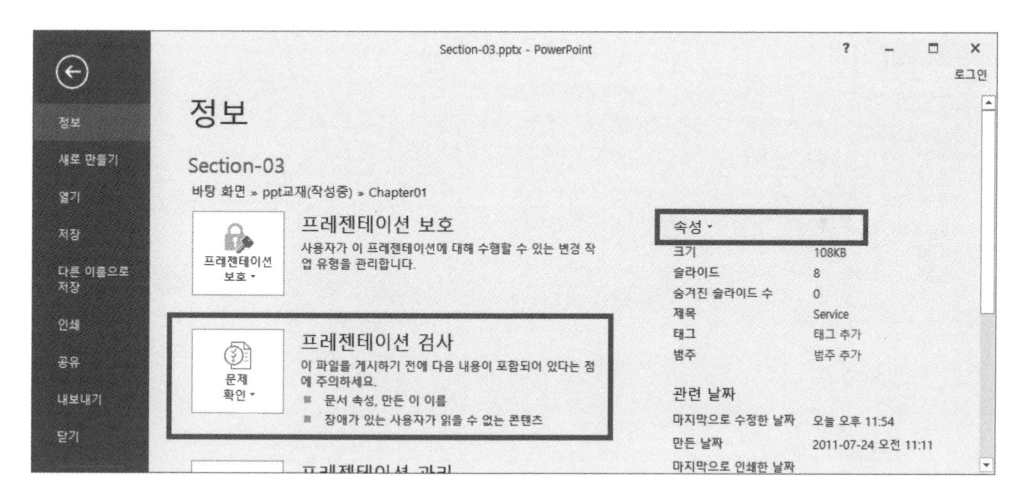

예제 문제

Q1. 파일 속성 범주에 "Service"를 추가합니다.

Q2. 제목이 "서비스의 개요"가 되도록 파일 속성을 변경합니다.

Q3. 속성 이름은 "해시태그", 형식은 텍스트, 속성값은 "마케팅"으로 하는 사용자 지정 속성을 설정합니다.

Q4. 문서 속성 및 개인정보를 제거합니다.

Q5. 슬라이드에서 문서를 검사하여 슬라이드 외부 내용을 모두 제거합니다.

SECTION 4 옵션

Powerpoint 작업에 대한 일반 옵션, 언어 교정 저장 및 고급 옵션을 설정하는 기능을 제공하고 특히 저장 옵션에서 "프레젠테이션에 사용되는 문자만 포함" 옵션을 설정하여 글꼴이 깨어지거나 바뀌지 않도록 할 수 있습니다.

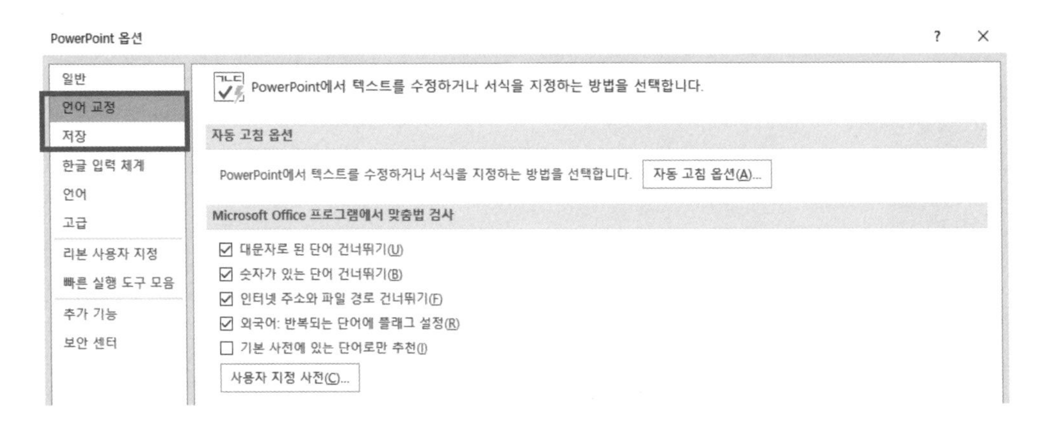

예제 문제

Q1. 프리젠테이션에서 맞춤법 및 문법 오류 숨기기 기능을 설정합니다.

Q2. 프레젠테이션에서 사용되는 문자에만 글꼴이 포함되도록 설정합니다. 프레젠테이션을 저장합니다.

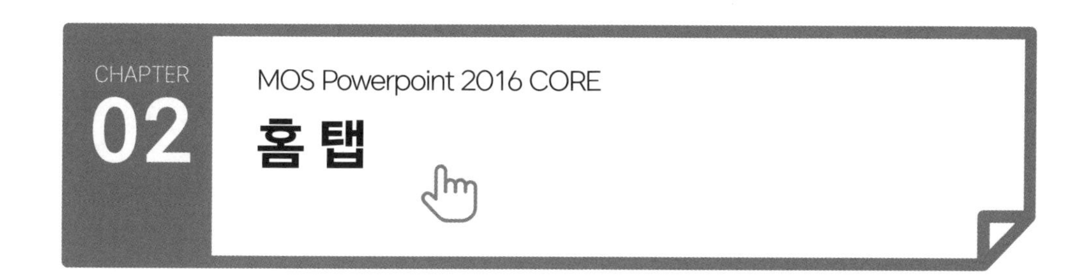

CHAPTER 02

MOS Powerpoint 2016 CORE

홈 탭

슬라이드, 글꼴 및 단락, 그리기, 찾기 등을 적용할 수 있는 메뉴로 구성되어 있습니다. 슬라이드를 이동하거나 복제 및 삭제하고 슬라이드 개요를 삽입하는 문제가 출제됩니다. 여러 슬라이드를 구역으로 관리하고 글꼴 및 단락 서식을 적용하는 문제가 자주 출제됩니다.

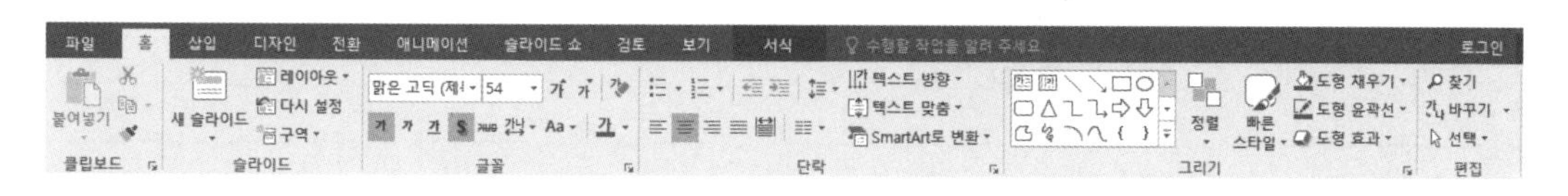

SECTION 1 슬라이드 관리

프레젠테이션 문서의 작업 단위인 새 슬라이드 추가, 레이아웃 변경, 구역 추가 및 제거할 수 있고, 개요 파일을 불러와서 새 슬라이드에 추가할 수 있습니다.

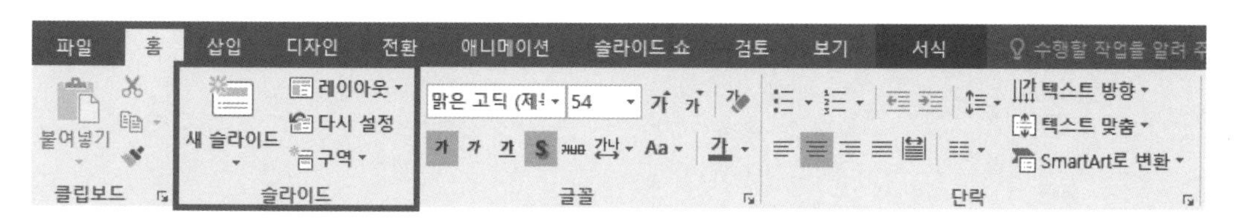

예제 문제

Q1. 목차 슬라이드 다음에 세로 제목 및 텍스트 슬라이드를 추가합니다.

Q2. 슬라이드 7과 8의 순서를 변경하여 "관계사 점유율 비교"라는 제목 슬라이드를 "관계사 실적 비교"라는 슬라이드 앞에 오게 합니다. 슬라이드는 "비교분석" 구역 안에 그대로 있어야 합니다.

Q3. “성장 방향”이라는 제목의 슬라이드 두 장을 삭제합니다.

Q4. 프레젠테이션에서 “제목 없는 구역”이라는 구역 이름을 “연구 과제”로 변경합니다.

Q5. 슬라이드 2 앞에 “목차”라고 하는 구역을 추가하고 “비교 분석” 구역은 제거합니다.

Q6. “영업 전략 분석 자료”라는 제목의 슬라이드에 비교 레이아웃을 적용합니다.

Q7. “연구 과제”라는 제목의 슬라이드에 제목만 레이아웃을 적용합니다.

Q8. 프레젠테이션 끝부분에 [첨부] 폴더에 있는 해결 방안.docx 개요로부터 새 슬라이드를 추가합니다.

Q9. 슬라이드 8과 슬라이드 9 사이에 [첨부] 폴더에 있는 비교 차트.ppt를 삽입합니다.

Q10. 슬라이드 4를 복제합니다.

Q11. 슬라이드 7, 8을 삭제합니다.

SECTION 2 글꼴 및 단락

슬라이드의 텍스트에 다양한 글꼴 속성 및 단락 속성을 지정할 수 있습니다. 특정 텍스트에 대한 글꼴 크기, 글꼴 스타일, 효과, 문자 간격 등의 텍스트 속성을 지정할 수 있고, 글머리 기호, 줄 간격, 텍스트 정렬, 텍스트를 SmartArt 그래픽으로 변환하는 단락 속성을 지정할 수 있습니다.

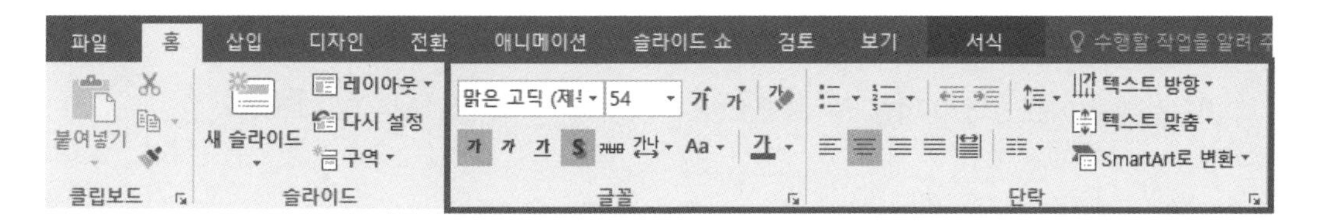

예제 문제

Q1. 슬라이드 10의 제목 텍스트 상자에 글꼴을 HY헤드라인M, 글자 크기를 58pt, 글자색은 파란색을 지정합니다.

Q2. 슬라이드 1에서 제목 텍스트 상자에 문자 간격을 매우 넓게(6포인트 확장) 변경한 다음, 텍스트 그림자를 적용합니다.

Q3. "계획" 슬라이드의 아래쪽 텍스트 상자의 영문을 모두 대문자로 변경합니다.

Q4. 슬라이드 1에서 제목 텍스트 상자를 가로 오른쪽, 세로 중간 맞춤을 적용합니다.

Q5. 슬라이드 4에서 두 개 열로 표시되도록 글머리 기호 목록을 수정합니다.

Q6. "Step 3 – 브레인스톰" 슬라이드의 글머리 기호를 별표 기호로 변경합니다.

Q7. 슬라이드 8의 글머리 기호 목록 상자의 글머리 기호를 [첨부] 폴더의 "party.png"로 변경합니다.

Q8. 슬라이드 9의 글머리 기호를 제거합니다.

Q9. "INDEX" 슬라이드의 글머리 기호 목록을 연속 블록 프로세스형 SmartArt로 변경합니다.

Q10. 슬라이드 4에서 글머리 기호 목록의 텍스트의 줄 간격을 1.0으로 지정합니다.

<확인 학습 01>

확인 1. [첨부] 폴더에 있는 'Pacifica Bay.pptx'의 모든 슬라이드를 프리젠테이션 맨 마지막에 순서대로 추가하시오.

확인 2. 슬라이드 6에 콘텐츠 2개 레이아웃을 적용하시오.

확인 3. 슬라이드 5의 제목을 Arial Balck, 36pt, 글꼴 색 빨간색으로 지정하시오.

확인 4. 페이지당 3개의 슬라이드가 있는 유인물의 복사본을 10부 인쇄하도록 인쇄 옵션을 설정합니다. 첫 페이지의 복사본 10부가 모두 인쇄된 후 두 번째 페이지의 복사본이 인쇄되어야 합니다.

확인 5. 프레젠테이션에서 '제목 없는 구역'의 구역 이름을 "등록 분석"으로 지정하시오.

확인 6. 프레젠테이션에서 사용되는 문자에만 글꼴이 포함되도록 설정합니다. 프레젠테이션을 저장합니다.

확인 7. 제목이 "City of Pacifica"가 되도록 파일 속성을 변경합니다

확인 8. 슬라이드 12의 글머리 기호를 제거하시오.

확인 9. 슬라이드 2에서 제목 텍스트 상자에 문자 간격을 매우 넓게(6포인트 확장) 변경한 다음, 굵게를 적용합니다.

확인 10. 슬라이드 13에서 두 개 열로 표시되도록 글머리 기호 목록을 수정하시오.

확인 11. 'Here' 슬라이드 다음에 빈 슬라이드를 추가하시오.

확인 12. 슬라이드에서 문서를 검사하여 슬라이드 외부 내용을 모두 제거합니다.

확인 13. 현재 프레젠테이션을 "패시픽 베이"라는 이름의 PDF 파일로 문서 폴더에 저장합니다.

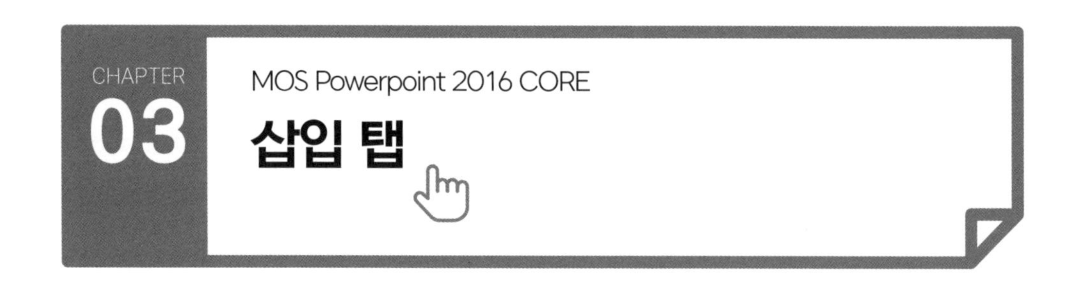

CHAPTER 03

MOS Powerpoint 2016 CORE

삽입 탭

[삽입] 탭은 프레젠테이션 문서에 다양한 종류의 개체들을 삽입하는 명령들로 구성되어 있습니다. 새 슬라이드, 표, 그림, 도형, SmartArt, 차트, 하이퍼링크, 실행 단추, 메모, 텍스트 상자, 머리글/바닥글, WordArt, 날짜 및 시간, 슬라이드 번호, 개체, 수식, 기호, 미디어 파일 등의 각종 개체를 삽입할 수 있는 기능들을 포함하고 있습니다.

SECTION 1 표

슬라이드에 표를 삽입하고 행 열 삽입 및 삭제, 셀 병합 및 분할을 할 수 있으며, 표의 디자인 및 서식 지정 등 세부적인 편집을 할 수 있습니다.

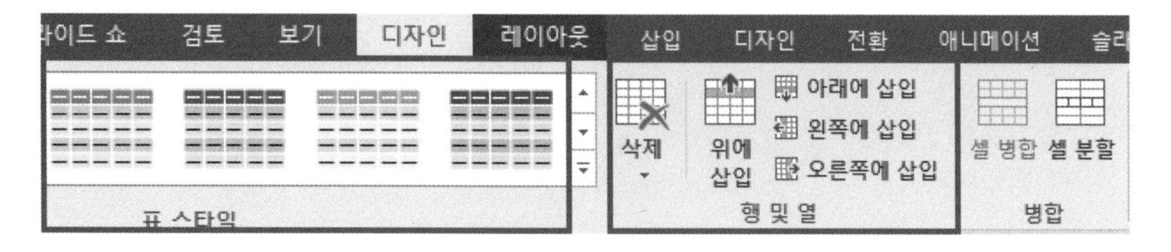

예제 문제

Q1. 슬라이드 2에 4행 5열의 표를 삽입합니다.

Q2. 슬라이드 5에서 “메모”열을 삭제하고 “유통 전략”과 “사업 계획” 사이에 두 개의 빈 열을 추가합니다.

Q3. 슬라이드 3의 표의 크기를 높이 10cm, 너비 17cm로 변경한 후 내용을 가로 가운데 정렬합니다.

Q4. "각 지점별 영업 결과"라는 제목의 슬라이드에 있는 표에 보통 스타일 1 - 강조 4 표 스타일을 적용하고, 줄무늬 열 옵션을 지정하고 줄무늬 행은 해제합니다.

Q5. 슬라이드 7에서 기타 열 아래 빈칸을 모두 병합하여 하나의 칸으로 만듭니다.

Q6. 슬라이드 6의 표를 삭제합니다.

SECTION 2 이미지

슬라이드에 이미지(그림) 파일을 삽입하고, 이미지에 꾸밈 효과, 그림 스타일, 그림 테두리, 그림 효과, 그림 레이아웃 등 다양한 기능을 수행할 수 있습니다.

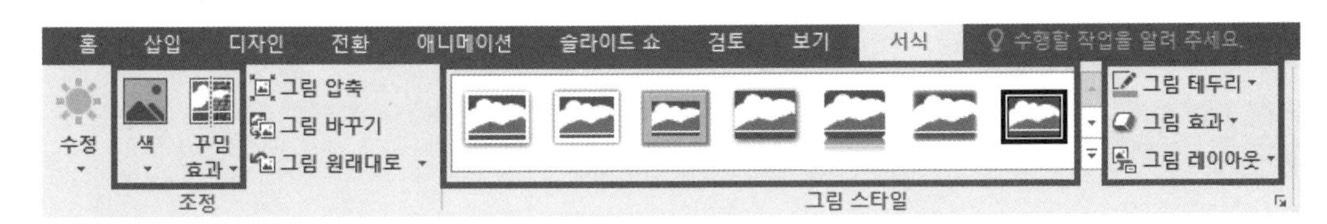

예제 문제

Q1. "Camping" 제목 슬라이드에 산 이미지 오른쪽에 [첨부] 폴더에 캠핑.jpg 이미지를 삽입합니다.

Q2. 슬라이드 2의 이미지 개체를 서식을 원래대로 설정하고 가로 4:3으로 자르기를 지정합니다.

Q3. 슬라이드 3에 있는 4개의 이미지들이 중간 맞춤 되도록 정렬하고, 가로 간격을 동일하게 지정합니다.

Q4. 슬라이드 3에서 Rafting이라는 제목과 그 위의 이미지를 그룹으로 묶습니다.

Q5. 슬라이드 9에 있는 손 이미지를 앞으로 가져옵니다. 그런 다음 학생 이미지를 텍스트 뒤로 보냅니다.

Q6. 슬라이드 8에서 이미지에 둥근 대각선 모서리, 흰색 스타일과 플라스틱 워프 꾸밈 효과를 적용합니다.

Q7. 슬라이드 7에 있는 그림에 녹색, 5pt 네온, 강조 색 4 네온 효과를 적용하고 5포인트 부드러운 가장자리 효과를 추가합니다.

Q8. 슬라이드 4에서 세 개의 사진 모두에 둥글게 효과를 적용합니다.

Q9. 슬라이드 10에서 별 모양 아이콘의 색상을 파란색으로 바꾼 후 주황 윤곽선을 추가합니다.

Q10. 슬라이드 6의 그림을 크기가 두 배 되도록 조정합니다. 이때 가로세로 비율은 고정합니다.

Q11. [첨부] - [이미지] 폴더의 모든 이미지를 사용하여 레이아웃 그림 4개, 프레임 모양 사각형 가운데 그림자, 테마는 Organic으로 지정하여 새 사진 앨범을 생성하고 "여행"이란 파일로 문서 폴더에 저장합니다.

SECTION 3 일러스트레이션

슬라이드에 도형, SmartArt, 차트를 삽입할 수 있습니다. 파워포인트에서 제공하는 다양한 도형을 삽입하고 도형 스타일, 도형 채우기, 도형 윤곽선, 도형 효과를 적용할 수 있으며, SmartArt 다이어그램을 삽입하고 SmartArt 스타일 및 레이아웃을 변경할 수 있고, 차트를 삽입하고 차트 구성 요소 추가, 차트 스타일 변경, 차트 종류 변경, 데이터 선택 및 편집 등 다양한 기능을 수행할 수 있습니다.

- 도형 일러스트레이션

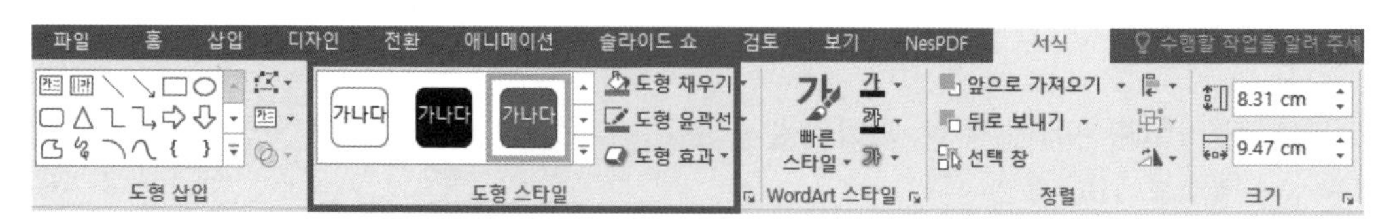

예제 문제

Q1. 슬라이드 2에 오른쪽에 하트 도형을 삽입하고, 색 채우기 연한 파랑, 윤곽선 빨강, 두께 6pt, 입체 효과를 둥글게 지정합니다.

Q2. 슬라이드 3의 왼쪽에 별:꼭지점 5개 도형을 삽입하고 스타일에 보통 효과 - 진한 녹색, 강조 6을 적용하고, 도형 효과에 네온: 8pt, 진한 녹색 강조 6을 지정합니다.

Q3. 슬라이드 5의 제목 텍스트 상자에 미세 효과 – 옥색, 강조 5 스타일을 적용하고, 도형 테두리를 3pt로 변경한 다음 각지게 입체 효과를 지정합니다.

Q4. 슬라이드 7에 있는 세 개의 사각형을 그룹으로 묶습니다.

Q5. 슬라이드 4에 있는 원형 도형을 맨 뒤로 보내기를 합니다.

Q6. 슬라이드 12에서 번개의 크기가 두 배가 되도록 조정합니다. 가로세로 비율을 유지해야 합니다.

Q7. 슬라이드 13에서 각 가방의 위쪽 끝이 맨 위에 있는 가방의 위쪽과 일치하도록 정렬합니다.

Q8. 슬라이드 6에서 네 개의 원이 수평으로 가운데에 오도록 정렬합니다.

Q9. 슬라이드 9에서 원을 구름으로 변경합니다.

Q10. 슬라이드 5에 있는 위쪽 도형에 바깥쪽 방향의 오프셋 오른쪽 아래로 그림자 효과를 적용합니다. 도형의 그림자 색을 분홍, 강조 1로 하고 그림자의 크기를 102%로 간격을 7포인트로 설정합니다.

- SmartArt 일러스트레이션

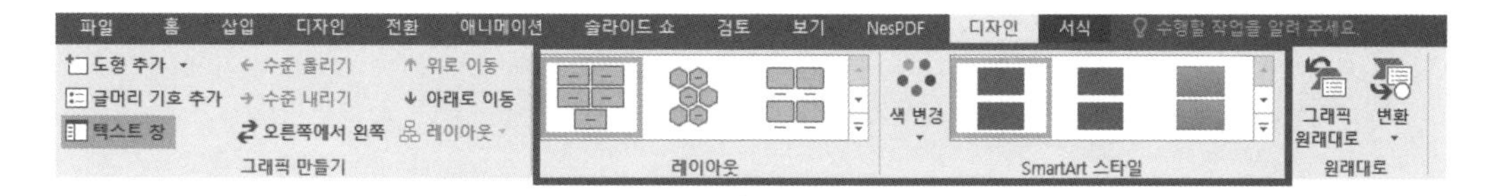

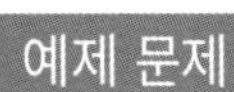

Q1. 슬라이드 17에 세로 상자 목록형 SmartArt를 삽입합니다. 위에서부터 아래로 “우리항공”, “전세기항공”, “아시아항공”이라는 텍스트를 입력합니다. 광택 스타일을 적용합니다. (세로 상자 목록형의 크기 조절은 선택 사항입니다.)

Q2. 슬라이드 24에 오른쪽에 있는 SmartArt 그래픽의 색상을 색상형 범위 - 강조색 5 또는 6으로 변경하고, 왼쪽에 있는 SmartArt 그래픽의 색상을 색 윤곽선 - 강조 6으로 지정합니다.

Q3. “저가 항공의 정의” 슬라이드의 ‘온라인 판매’ 도형의 채우기를 주황으로 지정하고 어두운 그러데이션 선형 위쪽을 지정하시오.

Q4. 슬라이드 22의 SmartArt 그래픽을 텍스트로 변환하시오.

Q5. 슬라이드 16의 SmartArt 그래픽 레이아웃을 그림 계단 모양 목록형으로 변경하시오.

Q6. 슬라이드 25의 SmartArt 개체에서 마지막에 도형을 추가하고, 내용을 “고객 초청 행사 진행”을 입력한 다음, 이 도형의 스타일을 강한 효과 - 빨강, 강조 2로 지정하시오.

- 차트 일러스트레이션

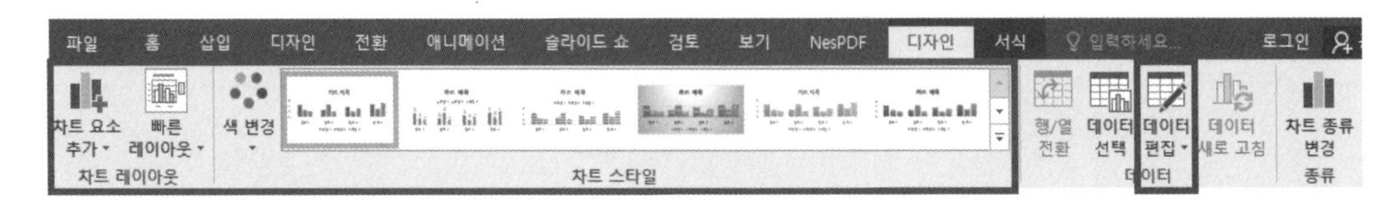

예제 문제

Q1. 슬라이드 20에 꺾은선형 차트를 기본값으로 추가합니다.

Q2. 슬라이드 32에 기본 파레토 히스토그램 차트를 추가합니다.

Q3. 슬라이드 29의 표에 있는 수치를 사용하여 묶은 가로 막대형 차트를 만듭니다. 차트의 크기 조절은 선택 사항입니다.

Q4. 슬라이드 21에서 표에 있는 항공사를 항목으로, 점유율 데이터를 계열로 표시하는 3차원 묶은 세로 막대형 차트를 추가합니다. 계열 이름을 "점유율 비교"로 설정합니다.

Q5. 슬라이드 31의 차트에 "예상 매출"이라는 차트 제목을 추가하고, 기본 가로축 제목을 "분기"로 설정하시오

Q6. "국내선 점유율 변화"라는 슬라이드에서, 차트 제목은 제거하고, 범례 레이블이 차트 아래쪽에 표시되도록 차트를 수정합니다.

Q7. 슬라이드 27의 차트에 범례가 위쪽에 나타나도록 변경합니다. 레이블은 차트와 겹쳐야 합니다.

SECTION 4 링크

슬라이드에 삽입된 텍스트나 도형, 이미지에 특정 웹사이트나 문서 내의 다른 슬라이드로 이동할 수 있는 하이퍼링크를 지정할 수 있고, 실행 단추로 활용하여 다양한 명령을 수행할 수 있습니다.

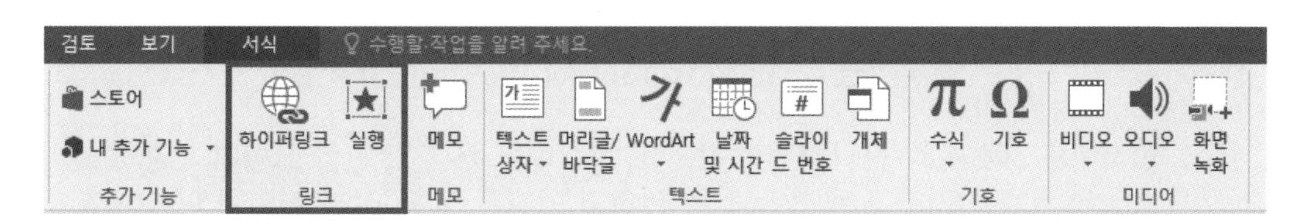

예제 문제

Q1. 슬라이드 2에서 텍스트 'Design+'에 "http://design.co.kr" 하이퍼링크를 추가합니다.

Q2. 슬라이드 1의 '후원 대학 동문회' 텍스트 상자에 "http://www.tu.ac.kr" 하이퍼링크를 지정하시오.

Q3. 슬라이드 4의 화살표 도형에 마우스를 위에 놓았을 때 첫 번째 슬라이드로 이동하도록 지정하시오.

Q4. 슬라이드 1에 오른쪽 위에 실행 단추: 끝으로 이동 도형을 삽입하고 마지막 슬라이드로 이동하도록 하이퍼링크를 설정하시오.

SECTION 5 텍스트

슬라이드에 텍스트 상자, 머리글/바닥글, WordArt, 슬라이드 번호, OLE 개체를 등을 삽입할 수 있습니다.

Q1. 슬라이드 2에 슬라이드 비행기 이미지 위에 "Have a nice trip"이라는 가로 텍스트 상자를 입력하고 글자 크기를 36pt로 적용하시오.

Q2. 슬라이드 6에서만 "회사 대외비"라는 문구로 바닥글을 추가합니다.

Q3. 제목 슬라이드를 제외한 모든 슬라이드에 슬라이드 번호를 추가합니다.

Q4. 제목 슬라이드를 제외한 모든 슬라이드에 oooo년 oo월 oo일 형식의 날짜를 추가하시오.

Q5. 슬라이드 노트 및 유인물에 "Blue Yonder Airlines"라는 머리글을 추가하시오.

Q6. 슬라이드 3에 채우기 - 바다색, 강조 1, 윤곽선 - 배경 1, 진한 그림자 - 강조 1 WordArt를 삽입하고 텍스트에 "편안하고 안전한 여행"이라고 입력하고 아래쪽 가운데에 배치합니다.

Q7. 슬라이드 8의 오른쪽 아래쪽에 "Off we go!"라는 텍스트에 채우기 - 빨강 강조 2, 윤곽선, 빨강, 강조 색 2 WordArt 스타일을 적용합니다.

Q8. 슬라이드 2의 제목 텍스트 상자에서 미세 효과 - 자주, 강조 4 스타일을 적용합니다. 도형의 테두리를 3pt로 변경한 다음 각지게 입체 효과를 적용합니다.

Q9. 슬라이드 7에 [첨부] 폴더에 있는 할인.xlsx 파일의 표를 추가합니다.

SECTION 6 기호

슬라이드에 자주 사용하는 수학 수식이나 특수문자 기호를 삽입할 수 있습니다.

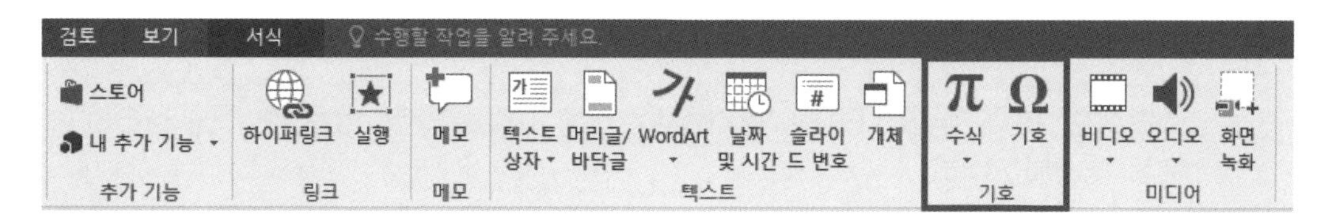

예제 문제

Q1. 슬라이드 5에 근의 방정식을 추가하시오.

Q2. 슬라이드 4에의 풀이에 급수를 추가하시오.

Q3. 슬라이드 6의 제목 텍스트 상자의 왼쪽과 오른쪽에 특수문자 "♣" 기호를 입력하시오.

SECTION 7 미디어

슬라이드에 비디오 파일 및 오디오 파일과 같은 멀티미디어 개체를 삽입할 수 있고, 비디오 개체에 비디오 스트리밍, 비디오 크기, 비디오 위치 등 다양한 옵션 등을 설정할 수 있으며, 오디오 개체에 Fade in(페이드인) /Fade out(페이드아웃) 등 다양한 오디오 옵션을 설정할 수 있습니다.

Q1. 슬라이드 3에서 [첨부] 폴더의 콩쥐팥쥐.avi 비디오를 추가합니다. 비디오의 크기를 가로세로 비율 고정하여 74%로 적용하고, 가로세로 위치를 왼쪽 위 모서리 기준으로 4.33cm에 위치시킵니다.

Q2. 슬라이드 3에 있는 비디오를 "00:01.500"에 시작하여 "00:07.300"에 종료하도록 트리밍합니다.

Q3. 슬라이드 3에서 비디오 셰이프(모양)를 타원으로 변경하고 비디오의 볼륨을 중간, 시작을 자동 실행되도록 변경합니다.

Q4. 슬라이드 6에 있는 비디오를 부드러운 가장자리 타원 스타일을 적용하고, 색상은 주황, 어두운 강조 색 4를 지정하시오.

Q5. 슬라이드 6에서 비디오 창의 크기가 현재 크기의 80%가 되도록 변경하고, 왼쪽 여백으로부터 4cm에서 시작되도록 비디오를 자릅니다.

Q6. [첨부] 폴더에 있는 가야금.mp3를 슬라이드 1에 추가합니다. 사용자가 오디오 아이콘을 누를 때 1.5초 안에 페이드 인 효과가 나타나도록 설정하고, 모든 슬라이드에서 오디오가 재생되도록 옵션을 설정합니다.

Q7. 슬라이드 13에서 오디오가 자동으로 재생되도록 오디오 클립을 설정합니다. 쇼가 진행되는 동안에는 아이콘을 숨깁니다.

<확인 학습 02>

확인 1. 슬라이드 5의 글머리 기호 목록을 기본 벤형 SmartArt로 변경하고, 그래픽 색상을 색상형 범위 - 강조 색 4 또는 5 색상을 적용하시오.

확인 2. 슬라이드 15의 표 데이터를 이용하여 묶은 가로 막대형 차트을 삽입하시오.

확인 3. [첨부] 폴더의 카메라.jpg 이미지를 슬라이드 23 오른쪽에 삽입하고, 그림 스타일을 입체 타원, 검정을 지정하고, 파스텔 부드럽게 꾸밈 효과를 이미지에 적용하시오.

확인 4. 슬라이드 22의 '영상 출처 바로 가기' 텍스트에 "www.vcocoon.com" 사이트로 이동하는 하이퍼링크를 지정하시오.

확인 5. 슬라이드 27에만 "가상현실"이라는 바닥글을 추가하시오.

확인 6. 슬라이드 12에 [첨부] 폴더의 '시냇물.wav'을 삽입하고, 오디오 자동으로 실행되고 쇼 진행되는 동안 아이콘을 숨기기 하시오.

확인 7. 슬라이드 24에 [첨부] 폴더의 'Image Sequence.mp4' 파일을 삽입하고, 00:00.650에서 시작하여 00:04.150에서 종료되도록 비디오 트리밍을 설정하시오.

확인 8. 슬라이드 31에 [첨부] 폴더의 '제품 판매.xlsx' 파일을 표로 추가하시오.

확인 9. 슬라이드 8에서 별의 크기가 두 배가 되도록 조정하시오. 가로세로 비율을 유지해야 합니다.

확인 10. 슬라이드 4의 제목을 채우기:옥 색, 강조 색 3, 선명한 입체 WordArt 스타일을 지정하시오.

확인 11. 슬라이드 6의 SmartArt 그래픽의 레이아웃을 세로 그림 목록형으로 변경한 후 경사 스타일을 지정하시오.

확인 12. 슬라이드 15의 표를 밝은 스타일 2 - 강조 4 스타일로 적용하시오.

확인 13. 슬라이드 14의 4개의 이미지를 수평으로 가운데 정렬한 후 그룹으로 지정하시오.

확인 14. 슬라이드 5의 이미지 개체의 서식을 원래대로 설정하고, 부드러운 가장자리 타원 스타일을 적용하시오.

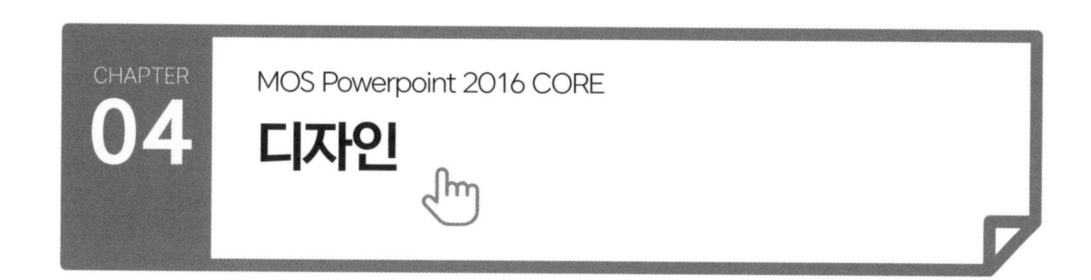

[디자인] 탭은 프레젠테이션 문서가 전체적으로 통일감을 구성하도록 하나의 슬라이드의 디자인을 적용하기 위한 명령들로 구성되어 있습니다. 슬라이드의 테마와 테마색, 테마 글꼴, 테마 효과, 테마 배경 스타일을 조정할 수 있고 슬라이드 크기 변경, 배경 서식을 적용하는 기능들을 포함하고 있습니다.

SECTION 1 테마 및 적용

Q1. 모든 슬라이드에 패싯 테마를 적용합니다.

Q2. 모든 슬라이드에 office 테마를 적용합니다.

Q3. 슬라이드 14, 15 및 16에 그물 테마를 적용합니다.

SECTION 2 적용

예제 문제

Q1. 프레젠테이션의 테마 색을 황록색으로 적용하시오.

Q2. 프레젠테이션의 테마 글꼴을 HY중고딕으로 적용하시오.

Q3. 프레젠테이션의 테마 효과를 광택으로 적용하시오.

Q4. 프레젠테이션의 테말 배경 스타일을 스타일 2로 적용합니다.

SECTION  3 사용자 지정

예제 문제

Q1. 슬라이드의 크기를 표준(4:3)으로 변경하고 콘텐츠를 슬라이드에 맞게 조정하시오.

Q2. 슬라이드의 크기를 와이드스크린(16:9)으로 변경하고 콘텐츠를 슬라이드에 최대화로 조정하시오.

Q3. 슬라이드 2의 배경 서식을 기본 그라데이션 채우기로 지정하시오.

Q4. 슬라이드 6의 배경 서식을 세로 줄무늬: 좁음으로 패턴을 적용합니다.

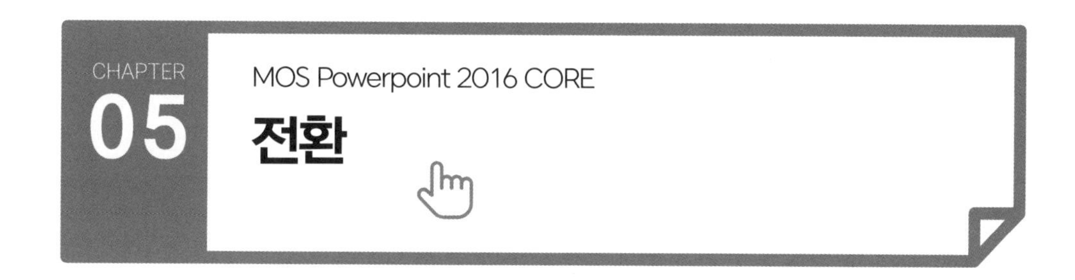

[전환] 탭은 프레젠테이션 문서가 슬라이드 쇼를 진행할 때 특정한 슬라이드가 화면에 나타나는 모양(화면 전환)을 설정하는 명령들로 구성되어 있습니다. 슬라이드 미리 보기, 화면 전환 효과, 전환할 때 재생할 소리, 다음 슬라이드로 이동 방법 등을 지정하는 기능들을 포함하고 있습니다.

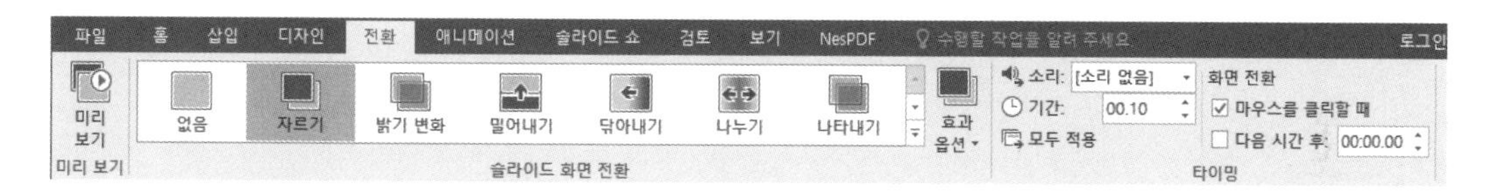

SECTION 1 슬라이드 화면 전환

Q1. 슬라이드 8에 적용된 화면 전환 효과를 미리 보시오.

Q2. 슬라이드 1에 나누기 화면 전환 효과를 적용합니다.

Q3. 슬라이드 4에 왼쪽에서 닦아내기 화면 전환 효과를 지정합니다.

Q4. 슬라이드 1에서 슬라이드 2로 전환될 때 커튼 효과를 추가합니다.

Q5. 모든 슬라이드에 위에서 밀어내기 전환을 적용합니다.

SECTION 2 타이밍

예제 문제

Q1. 슬라이드 3에 박수 소리 전환 옵션을 추가합니다.

Q2. 슬라이드 1에 3초 후에 다음 슬라이드로 자동으로 화면 전환이 되도록 설정하시오.

Q3. 슬라이드 전환 기능을 활용하여 모든 전환에 대한 기간을 3초로 설정합니다.

Q4. 모든 슬라이드에 대해 3초 후에 자동으로 전환되도록 설정하시오.

CHAPTER 06

MOS Powerpoint 2016 CORE

애니메이션

[애니메이션] 탭은 프레젠테이션 문서의 개별 슬라이드에 포함된 각 개체에 대한 애니메이션 효과를 지정하고 변경하는 명령들로 구성되어 있습니다. 애니메이션 미리보기, 개체에 애니메이션 지정, 효과에 대한 옵션을 변경, 애니메이션 추가, 애니메이션의 실행 시작 방법, 재생 시간, 지연 시간, 애니메이션 순서 바꾸기 등의 기능들을 포함하고 있습니다.

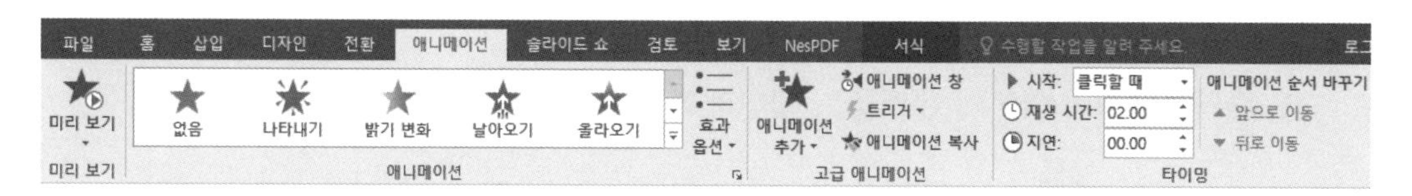

SECTION 1 애니메이션

예제 문제

Q1. 슬라이드 8의 애니메이션을 미리보기 하시오.

Q2. 슬라이드 1의 제목 텍스트 상자에 올라오기, 서서히 아래 나타내기 애니메이션 효과를 적용하시오.

Q3. 슬라이드 9에서 비행기 아이콘이 왼쪽에서 날아오도록 나타내기 애니메이션을 추가합니다.

Q4. 슬라이드 5에 있는 이미지에 확대/축소 슬라이드 센터 효과 나타내기 애니메이션을 추가합니다.

Q5. 슬라이드 3의 애니메이션에 요술봉 소리를 추가하시오.

Q6. '우리의 강사들은' 슬라이드의 이미지에 펄스 강조 효과를 적용하시오.

Q7. 슬라이드에 있는 하트 도형과 텍스트에 대해 애니메이션 이동 경로를 회전으로 변경합니다.

Q8. 슬라이드 4에 있는 텍스트 상자에 첫 번째 문장이 보일 때 왼쪽에서 닦아내기 되고, 이후 문장들은 첫 번째 문장이 닦아내기 되고 나서 닦아내기 되도록 애니메이션 효과를 변경하시오.

SECTION  고급 애니메이션

예제 문제

Q1. 슬라이드 9의 이미지에 흔들기 애니메이션을 추가하시오.

Q2. 슬라이드 10에 있는 하트 도형에 가라앉기 끝내기 애니메이션을 추가합니다.

Q3. 슬라이드 1의 제목에 적용된 애니메이션을 복사하여 'Where Every Day Is an Adventure!' 부제목에 애니메이션을 적용합니다.

SECTION  타이밍

예제 문제

Q1. 슬라이드 4에 애니메이션 순서를 변경하여 텍스트가 나타나기 제목 텍스트 상자가 나타나도록 설정합니다.

Q2. 슬라이드 15의 이미지들이 왼쪽에서 오른쪽으로 페이드 인 되도록 애니메이션 순서를 변경하시오.

Q3. 슬라이드 5의 두 번째 애니메이션을 이전 효과 다음에 재생 시간 2초, 지연 2초로 설정하시오.

Q4. 슬라이드 1의 두 번째 애니메이션을 이전 효과와 함께 설정하시오.

<확인학습 03>

확인 1. 슬라이드에 있는 폭발 도형과 텍스트에 대해 애니메이션 이동 경로 원형으로 변경합니다.

확인 2. 슬라이드 1에서 2로 전환될 때 커튼 전환 효과를 추가합니다.

확인 3. 모든 슬라이드의 전환 기간을 3초로 설정합니다.

확인 4. 슬라이드 2의 텍스트 상자에서 첫 번째 문장이 보여질 때 위로부터 닦아내기 되고, 이후 문장들은 첫 번째 문장이 닦아내기 되고 나서 닦아내기를 적용합니다.

확인 5. 슬라이드 6에 있는 화살표 도형이 애니메이션 순서가 왼쪽에서 오른쪽으로 하나씩 페이드 인 되도록 애니메이션 순서를 조정합니다.

확인 6. 슬라이드 3에 있는 모든 텍스트에 위쪽에서 아래쪽으로 닦아내기 애니메이션 효과를 추가합니다.

확인 7. 슬라이드 2의 배경에 기본 그러데이션 채우기를 적용합니다.

확인 8. 슬라이드 4에 애니메이션 순서를 변경하여 이미지가 나타나기 전에 텍스트가 나타나도록 설정합니다.

확인 9. 슬라이드 3의 애니메이션에 박수 소리를 추가하시오.

확인 10. 슬라이드 8의 하트 도형의 애니메이션을 복사하여 비행기 도형에 애니메이션을 적용하시오.

확인 11. 프레젠테이션의 자연주의 테마를 적용하고, 테마 글꼴을 돋움으로 적용하시오.

확인 12. 슬라이드의 크기를 표준(4:3)으로 변경하고 콘텐츠를 슬라이드에 맞게 조정하시오.

[슬라이드 쇼] 탭은 프레젠테이션 문서를 청중들에게 보여 주기 위한 슬라이드 쇼를 시작할 첫 번째 슬라이드의 위치 결정, 슬라이드 쇼 재구성 및 설정에 관련된 명령들로 구성되어 있습니다. 슬라이드 쇼 시작, 슬라이드 쇼 재구성, 슬라이드 숨기기, 예행연습, 슬라이드 쇼 녹화, 설명 재생, 시간 사용, 미디어 컨트롤 표시 등의 옵션 설정에 관련된 기능들을 포함하고 있습니다.

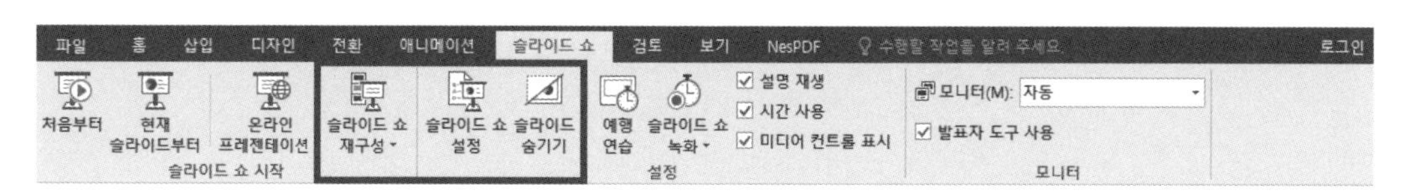

SECTION 1 슬라이드 쇼 시작

Q1. 슬라이드 5번부터 슬라이드 쇼를 진행하시오.

Q2. 슬라이드 1, 4, 6, 8, 11, 14만 포함하는 "검토"라는 이름의 슬라이드 쇼를 재구성합니다.

SECTION 2 설정

예제 문제

Q1. 슬라이드 쇼 유형을 웹 형식으로 진행하고, 애니메이션 없이 보기, 화면 전환을 수동으로 구성합니다.

Q2. 슬라이드 7, 8을 슬라이드 쇼 진행하는 동안 숨기기를 적용합니다.

Q3. 슬라이드 쇼를 3에서 6까지만 진행되도록 슬라이드 쇼를 설정합니다.

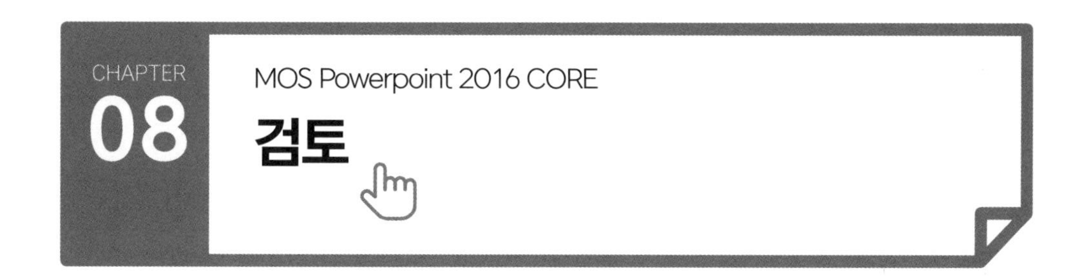

[검토] 탭은 프레젠테이션 문서의 언어 교정, 언어 변환, 메모 관리, 문서 비교 등과 관련된 명령들로 구성되어 있습니다. 맞춤법 검사, 언어 번역, 한글/한자 변환, 교정 언어 설정, 메모 삽입, 메모 삭제, 메모 표시/숨기기 기능들을 포함하고 있습니다.

SECTION 1 메모 및 언어 교정

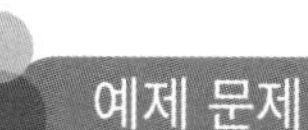

Q1. 슬라이드 5의 "소비자 욕구의 다양화" 제목의 도형에 "서비스의 다변화" 메모를 추가합니다.

Q2. 슬라이드 7에 있는 메모를 삭제합니다.

Q3. 슬라이드 3에 있는 메모에 "5 부분"을 "3 부분"으로 수정합니다.

Q4. 문서의 모든 메모를 검토한 후 숨기기를 합니다.

Q5. 슬라이드 3의 맞춤법을 검사하고 교정합니다.

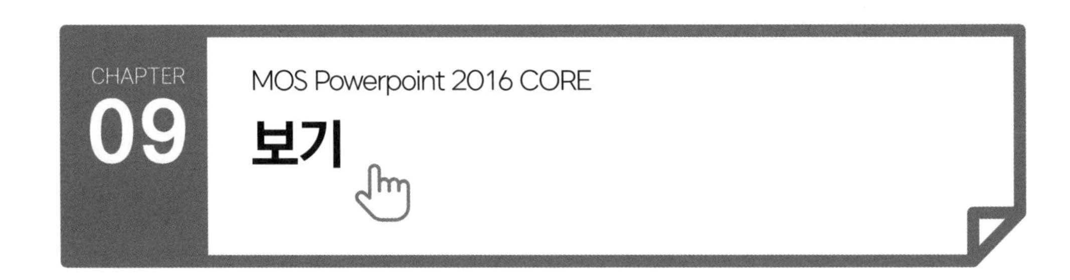

CHAPTER 09

MOS Powerpoint 2016 CORE

보기

[보기] 탭은 프레젠테이션 문서의 슬라이드들을 다양한 보기 형태로 화면에 보여 주는 명령들로 구성되어 있습니다. 프레젠테이션 보기의 형태 선택, 마스터 보기의 형태 지정, 눈금 및 안내선 표시 옵션 설정, 슬라이드 확대/축소하기, 컬러/회색조로 표시, 창 배열에 관한 설정 등의 기능들을 포함하고 있습니다.

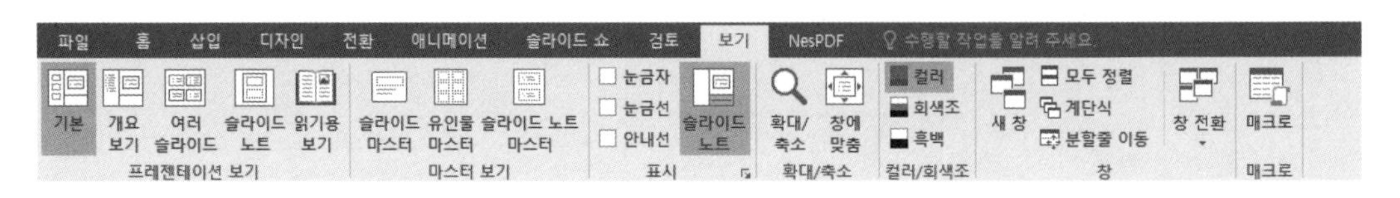

SECTION 1 프리젠테이션 보기

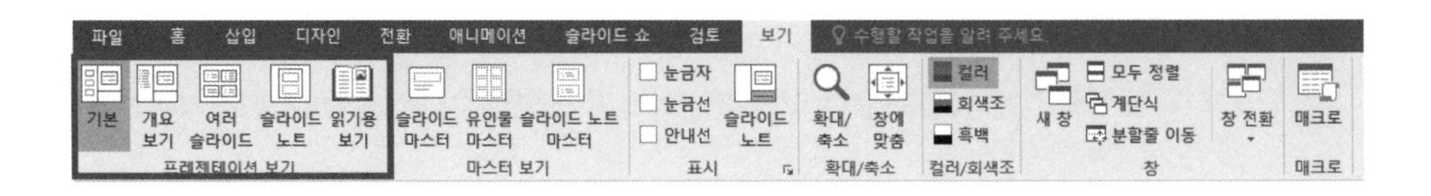

예제 문제

Q1. 슬라이드를 슬라이드 노트 보기로 변경하시오.

Q2. 슬라이드를 여러 슬라이드 보기로 변경하시오.

Q3. 슬라이드 3번을 슬라이드 17번 뒤로 이동하시오.

Q4. 슬라이드를 슬라이드 기본 보기로 변경하시오.

SECTION 2 마스터 보기

Q1. 슬라이드 마스터를 사용하여 모든 슬라이드의 제목을 HY헤드라인M, 60pt, 글자 색은 연한 파랑으로 설정하시오.

Q2. 슬라이드 마스터에서 제목 위치에 캔버스 질감 채우기를 적용합니다.

Q3. 슬라이드 마스터의 글머리 기호 중 첫 번째 행의 글머리 기호를 [첨부] 폴더에 있는 체크.png 파일로 변경합니다.

Q4. 슬라이드 노트 마스터의 본문 위치 도형에 선형 위쪽 밝은 그러데이션 채우기를 추가합니다.

Q5. 제목 슬라이드 레이아웃 다음에 그림 개체가 있는 "Coffee"라는 새로운 슬라이드 레이아웃을 만듭니다. 다른 모든 기본 개체들은 그대로 유지합니다. 그림 개체는 마스터 제목의 왼쪽과 오른쪽 끝에 맞춤하시오.

Q6. 유인물 마스터에 "Taste Coffee"라는 머리글이 표시되도록 변경합니다.

Q7. 유인물 머리글에서 날짜를 나타내는 지정자를 제거합니다.

Q8. 슬라이드 마스터의 테마를 Office 테마로 변경한 후, 폰트를 맑은 고딕으로 변경합니다.

SECTION 3 표시 및 창

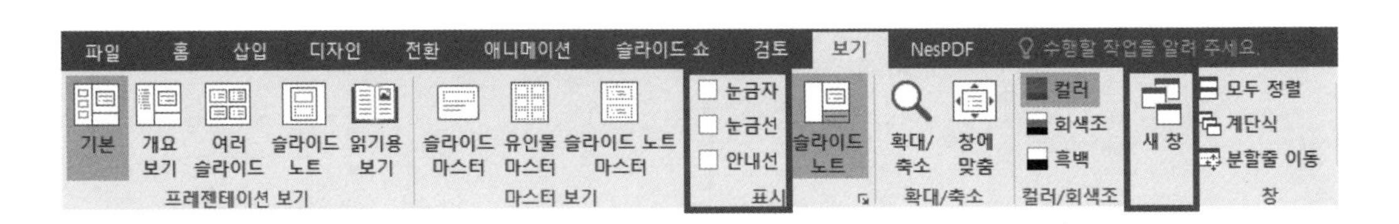

Q1. Powerpoint에서 눈금선을 표시하고 개체를 눈금에 맞춰 이동시키도록 설정합니다.

Q2. 현재 문서를 새 창으로 열고 나란히 보기 합니다.

<확인 학습 04>

확인 1. 제목 슬라이드 레이아웃 다음에 왼쪽에는 그림 개체가 있고, 오른쪽에는 텍스트 개체가 있는 "사용자 지정 1"이라는 새로운 슬라이드 레이아웃을 만듭니다. 다른 모든 기본 개체들은 그대로 유지합니다. 새로운 개체의 크기와 위치는 중요하지 않습니다.

확인 2. 슬라이드 쇼 유형을 웹 형식으로 진행하고, 애니메이션 없이 보기, 화면 전환을 수동으로 구성합니다.

확인 3. 유인물 머리글에서 날짜를 나타내는 지정자를 제거합니다.

확인 4. 슬라이드 2, 6, 7만 포함하는 "와인 이미지"라는 이름의 슬라이드 쇼를 재구성을 만듭니다.

확인 5. 슬라이드 마스터를 사용하여 모든 슬라이드의 제목을 맑은 고딕, 40pt, 글자 색은 파랑으로 설정하시오.

확인 6. 슬라이드 4의 이미지에 "미세먼지 최소화"라는 메모를 추가합니다.

확인 7. 슬라이드 5를 슬라이드 쇼 진행하는 동안 숨기기를 적용합니다.

확인 8. 슬라이드 마스터의 글머리 기호 중 첫 행의 글머리 기호를 [첨부] 폴더에 있는 하트.png 파일로 변경합니다.

확인 9. PowerPoint가 눈금선을 표시하고 개체를 눈금에 맞춰 이동시키도록 설정합니다.

확인 10. 문서의 모든 메모를 검토한 후 숨기기를 합니다.

확인 11. 슬라이드 노트 마스터의 본문 위치 도형에 캔버스 질감 채우기를 추가합니다.

프로젝트 1

당신은 보험회사의 연중 회의를 위한 프레젠테이션을 작성하고 있습니다.

작업 1) "우수 직원" 슬라이드 다음에 [첨부] 폴더에 있는 보험 랭킹.docx이라는 제목의 Word 문서 개요에서 새 슬라이드를 가져옵니다.

작업 2) "우수 직원"이라는 제목의 슬라이드에 강조 레이아웃을 적용합니다.

작업 3) "우수 직원" 슬라이드에서 4개의 사진 모두에 볼록하게 효과를 적용합니다.

작업 4) "목표" 슬라이드에서 2단 목록이 되도록 목록 형식을 지정합니다.

작업 5) 모든 슬라이드에 밀어내기 전환을 추가합니다.

당신은 자동차 보험회사의 연중 회의를 위한 프레젠테이션을 작성하고 있습니다.

작업 1) "왼쪽에는 그림 개체가 있고, 오른쪽에는 텍스트 개체가 있는 "사용자 지정 1" 이라는 새로운 슬라이드 레이아웃을 만듭니다. 다른 모든 기본 개체들은 그대로 유지합니다. 새로운 개체의 크기와 위치는 중요하지 않습니다.

작업 2) 슬라이드 2에 있는 이미지들이 중간 맞춤 되도록 정렬합니다.

작업 3) 슬라이드 2에 있는 이미지들의 애니메이션 순서가 왼쪽에서 오른쪽으로 하나씩 페이드 인 되도록 애니메이션 순서를 조정합니다.

작업 4) 슬라이드 3에서 자동차 아이콘의 색상을 자주색으로 바꾼 후 파랑 윤곽선을 추가합니다.

작업 5) 슬라이드 3에서 자동차 아이콘이 왼쪽에서 날아오도록 애니메이션을 추가합니다.

작업 6) 프레젠테이션을 "자동차 보험"이라는 이름의 PDF 파일로 문서 폴더에 저장합니다.

작업 7) "전개" 구역만 인쇄하도록 인쇄를 구성합니다.

프로젝트 3

당신은 보험회사의 연례 회의를 위한 프레젠테이션을 작성하고 있습니다. 프레젠테이션 발표자를 위해 프레젠테이션을 편집하고 있습니다.

작업 1) 슬라이드 5에서만 "대외비"라는 문구로 바닥글을 추가합니다.

작업 2) 슬라이드 5에서 7까지를 사용해 "비교 차트"라는 이름의 슬라이드 쇼를 재구성합니다.

작업 3) 슬라이드 7의 표에 있는 수치를 사용하여 꺾은선형 차트를 만듭니다. "연도"를 항목으로 "고객"이라는 이름을 계열로 사용합니다. 차트의 크기 조절은 선택 사항입니다.

작업 4) 슬라이드 4에서 [첨부] 폴더의 홍보 영상.avi 비디오를 추가합니다. 비디오의 가로세로 위치를 왼쪽 위 모서리에서 5.15cm에 위치시킵니다.

작업 5) 모든 슬라이드의 전환 기간을 3초로 변경합니다.

당신은 보험회사의 연례 회의를 위한 프레젠테이션을 작성하고 있습니다.

작업 1) 슬라이드 1 앞에 "주택보험"이라고 하는 구역을 추가합니다.

작업 2) 슬라이드 3에 있는 표의 스타일을 밝은 스타일 2 – 강조 3으로 변경합니다.

작업 3) 슬라이드 4에 있는 열쇠 이미지를 잔디 이미지 앞으로 가져옵니다. 그런 다음 집 이미지를 뒤로 보냅니다.

작업 4) 슬라이드 마스터의 테마를 Office 테마로 변경한 후, 폰트를 돋움으로 변경합니다.

프로젝트 5

당신은 보험회사의 연례 회의를 위한 프레젠테이션을 작성하고 있습니다. 프레젠테이션의 개인정보 보호 기능을 개선하고 싶은 사항을 위해 프레젠테이션을 편집하고 있습니다.

작업 1) 슬라이드 마스터의 글머리 기호 중 첫 행의 글머리 기호를 [첨부] 폴더에 있는 하트.png 파일로 변경합니다.

작업 2) 범주가 "생명보험"이 되도록 파일 속성을 변경합니다.

작업 3) 슬라이드 5에서 "웹사이트에서 보려면 여기를 클릭하십시오"라는 문장에 하이퍼링크 "http://www.cardifcare.co.kr"를 추가합니다.

작업 4) 슬라이드 3의 차트에 "성별 가입자 수 차트 추가 요망"이라는 메모를 추가합니다.

프로젝트 6

당신은 보험회사의 연례 회의를 위한 프레젠테이션을 작성하고 있습니다. 애니메이션과 관련하여 도움이 필요한 사람을 위해 프레젠테이션을 편집하고 있습니다.

작업 1) 슬라이드 2에 있는 비디오를 "00:00.500"에 시작하여 "00:03.500"에 종료하도록 트리밍합니다.

작업 2) 슬라이드 3에 있는 모든 텍스트에 위쪽에서 아래쪽으로 닦아내기 애니메이션 효과를 추가합니다.

작업 3) 슬라이드 4에서 구름 모양 설명 선을 하트로 변경합니다.

작업 4) 슬라이드에서 문서를 검사하여 슬라이드 외부 내용을 모두 제거합니다.

작업 5) [첨부] 폴더에 약관.docx 파일을 이용하여 새 슬라이드를 프레젠테이션의 끝부분에 추가합니다.

프로젝트 7

당신은 보험회사의 연례 회의를 위한 프레젠테이션을 작성하고 있습니다.

작업 1) 슬라이드 2에서 기업이라는 제목과 그 위의 이미지를 그룹으로 묶습니다.

작업 2) 슬라이드 3에서 표에 있는 "정맥동염" 행을 삭제한 후 표의 오른쪽에 "비보험자 백분율"이라는 새로운 열을 삽입하십시오.

작업 3) 슬라이드 4의 차트에 범례가 위쪽에 나타나도록 변경합니다. 레이블은 차트와 겹쳐져야 합니다.

작업 4) 슬라이드 5에 피라미드 목록형 SmartArt를 삽입합니다. 위에서부터 아래로 "Best", "Good", "Normal"이라는 텍스트를 입력합니다. 경사 스타일을 적용합니다. (피라미드 목록형의 크기 조절은 선택 사항입니다.)

작업 5) 모든 슬라이드에 대해 슬라이드 노트를 인쇄하도록 인쇄 옵션을 설정합니다.

2회 모의고사

프로젝트 1

당신은 French Wine Lovers에 근무하고 있습니다. 시음실에서 반복 진행되는 설명에 대한 PowerPoint 프레젠테이션에 대해 작업하고 있습니다.

작업 1) 슬라이드 1에서 2로 전환될 때 커튼 전환 효과를 추가합니다.

작업 2) [첨부] 폴더에 있는 포도원.pptx의 모든 슬라이드를 프레젠테이션의 맨 뒤에 순서대로 추가합니다.

작업 3) 문서 속성 및 개인정보를 제거합니다.

작업 4) 이온(회의실) 테마를 슬라이드 마스터에 적용합니다.

작업 5) 슬라이드 6에 있는 세 개의 별 모양을 그룹으로 묶습니다.

작업 6) 슬라이드 3에 있는 SmartArt 그래픽의 색상을 색상형 범위 강조 색 4 또는 5로 변경합니다.

작업 7) 슬라이드 6의 텍스트 상자에서 첫 번째 문장이 보여질 때 위로부터 닦아내기 되고, 이후 문장들은 첫 번째 문장이 닦아내기 되고 나서 닦아내기를 적용합니다.

프로젝트 2

당신은 경영진 보고를 위한 초안을 작성하고 있습니다. 최종 데이터가 준비되면 당신의 관리자가 해당 프레젠테이션을 마무리하게 됩니다.

작업 1) 슬라이드 3의 사각형 오른쪽에 열 6개와 행 3개로 이루어진 표를 추가합니다.

작업 2) 슬라이드 6에 있는 차트의 스타일을 스타일 11로 변경한 다음, 색상을 색상형 구역에 있는 색 4로 변경합니다.

작업 3) 페이지당 3개 슬라이드가 있는 유인물의 복사본을 4부 인쇄하도록 인쇄 옵션을 구성합니다. 첫 페이지의 복사본 4부가 모두 인쇄된 후 두 번째 페이지부터는 복사본이 인쇄되도록 설정하시오.

작업 4) 슬라이드 2의 배경에 기본 그러데이션 채우기를 적용합니다.

작업 5) 슬라이드 9의 글머리 기호 목록을 연속 블록 프로세스형 SmartArt로 변경하시오.

당신은 쇼핑몰 키오스크에서 보여질 여러 광고 프레젠테이션 중 하나를 준비하고 있습니다. 마케팅 부서에서 검토하기 위한 유인물을 인쇄하려고 합니다.

작업 1) 모든 슬라이드에 대해 전환 기간을 2초로 설정합니다.

작업 2) 슬라이드 4에 콘텐츠 2개 레이아웃을 적용합니다.

작업 3) 슬라이드 6에서 커피잔과 하트 모양이 수평으로 가운데에 오도록 정렬시킵니다.

작업 4) 유인물 머리글에서 날짜를 나타내는 지정자를 제거합니다.

작업 5) 슬라이드 9에서 텍스트 상자에 문자 간격을 매우 넓게(6포인트 확장) 변경한 다음 텍스트 그림자를 적용합니다.

프로젝트 4

당신은 상사에게 제출한 프레젠테이션을 작성하고 있으며, 최종 프레젠테이션에 포함할 수치는 상사가 작성하게 됩니다.

작업 1) 슬라이드 7에 기본 파레토 히스토그램 차트를 추가합니다.

작업 2) 슬라이드 4에 [첨부] 폴더에 있는 개발 비용.xlsx 파일의 표를 추가합니다.

작업 3) 슬라이드 9의 텍스트 상자에 미세 효과 - 밤색 강조 5 스타일을 적용합니다. 도형의 테두리는 3pt로 변경한 다음 각지게 입체 효과를 적용합니다.

작업 4) 프레젠테이션 끝부분에 [첨부] 폴더에 있는 개요.docx의 개요를 기준으로 슬라이드를 추가합니다.

작업 5) 슬라이드 7에서 표 데이터를 이용하여 묶은 세로 막대형 차트 삽입하시오.

당신은 온라인 및 강의실에서 진행되는 타이포그래피 수업의 일환으로 사용될 프레젠테이션을 준비하고 있습니다.

작업 1) 유인물 마스터에 "typefaces and font"라는 왼쪽 바닥글이 표시되도록 변경합니다.

작업 2) 슬라이드 노트의 복사본이 가로 방향으로 5부 인쇄되도록 인쇄 옵션을 설정합니다. 첫 슬라이드의 복사본 5부가 인쇄된 후 두 번째 슬라이드부터는 복사본이 인쇄되도록 설정하시오.

작업 3) 프레젠테이션에서 제목 없는 구역 이름을 '자간'으로 변경합니다.

작업 4) 모든 슬라이드의 전환 기간을 2초로 설정합니다.

작업 5) 슬라이드 2의 이미지에 주황 8pt 네온, 강조 색 1 네온 효과를 적용하시오.

프로젝트 6

당신은 Durian's Travel의 마케팅 부서에 근무하고 있습니다. 쇼핑몰 키오스크에서 보여질 여러 광고 프레젠테이션 중 하나를 준비하고 있습니다. 마케팅 부서가 검토할 유인물을 인쇄하려고 합니다.

작업 1) 슬라이드에 있는 폭발 도형과 텍스트에 대해 애니메이션 이동 경로 원형으로 변경합니다.

작업 2) PowerPoint가 눈금선을 표시하고 개체를 눈금에 맞춰 이동시키도록 설정합니다.

작업 3) 슬라이드 8에서 하트 도형의 크기가 두 배가 되도록 크기를 조정합니다. 이때 도형의 가로세로 비율은 유지해야 합니다.

작업 4) 슬라이드 6에 박수 소리 전환 옵션을 추가합니다.

작업 5) [첨부] 폴더의 review.docx에 있는 개요 내용을 슬라이드로 프레젠테이션의 끝에 추가합니다.

작업 6) 슬라이드 2의 이미지와 텍스트 상자를 그룹으로 묶으시오.

당신은 Anthropology Research를 위한 연구 조교입니다. 진행 중인 프로젝트에 대한 보고서를 준비하고 있습니다.

작업 1) 슬라이드 너비를 20.31cm 높이를 27.54cm로 변경합니다. 콘텐츠를 슬라이드에 맞게 조정합니다.

작업 2) 슬라이드 1, 2, 5, 7, 8만 포함하는 "Research"라는 이름의 슬라이드 쇼를 재구성을 만듭니다.

작업 3) 프레젠테이션에 사용되는 문자에만 글꼴이 포함되도록 설정합니다. 프레젠테이션을 저장합니다.

작업 4) 슬라이드 9에 오디오가 자동으로 재생되도록 오디오 클립을 설정합니다. 쇼가 진행되는 동안에는 아이콘을 숨깁니다.

작업 5) 슬라이드 7에서 이미지에 둥근 대각선 모서리, 흰색 스타일과 파스텔 부드럽게 꾸밈 효과를 적용합니다.

MOS

4장
Access 2016 CORE

Access 2016 Core 시험 평가 항목

Access 2016 Core 시험 평가 항목
[시험 시간 50분 / 합격 점수 1,000점 중 700점 이상 합격]

Skill Set	시험 구성
데이터베이스 작성 및 관리	• 데이터베이스 작성 및 수정 • 관계 및 키 관리 • 데이터베이스 탐색 • 데이터베이스 보호 및 유지 • 데이터베이스 인쇄 및 내보내기
테이블 구축	• 테이블 만들기 • 테이블 관리 • 기록 관리 • 필드 만들기 및 수정
쿼리 작성	• 쿼리 작성 • 쿼리 수정 • 쿼리 내의 계산된 필드 및 그룹 활동
양식 작성	• 폼 작성 • 폼 컨트롤 설정 • 폼 양식
보고서 작성	• 보고서 만들기 • 보고서 컨트롤 설정 • 보고서 형식

Access 2016 시작 및 화면 구성

1. Access 2016 시작 화면

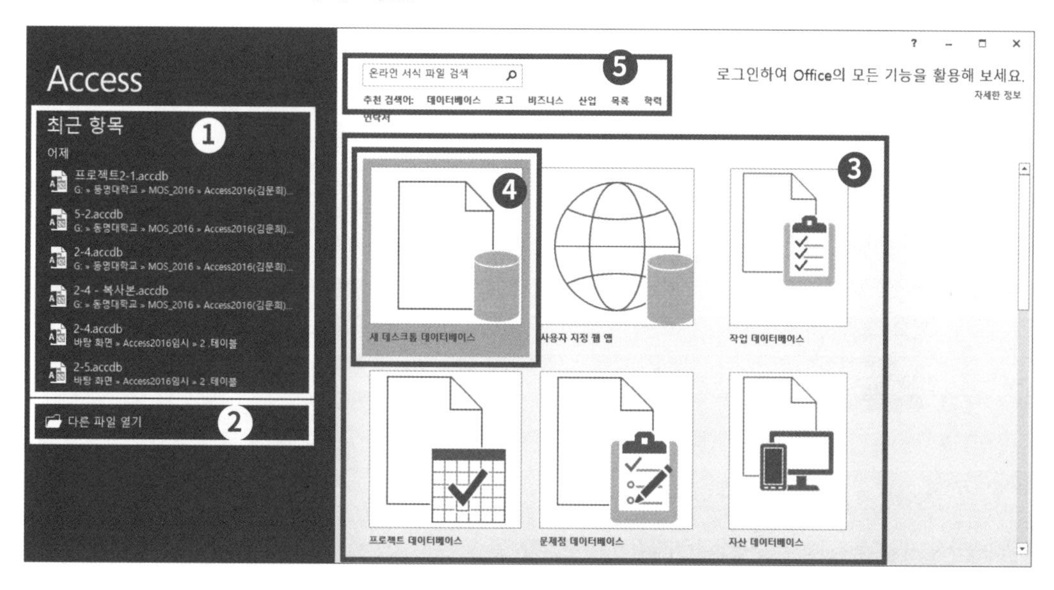

❶ 최근 항목: 최근에 사용한 파일 목록에서 데이터베이스를 선택하여 파일을 열 수 있습니다.

❷ 다른 파일 열기: 다른 경로의 데이터베이스 문서를 열 수 있습니다.

❸ 예제 서식 파일: 기존 서식 파일을 이용하여 빠르게 데이터베이스를 생성할 수 있습니다.

❹ 새 데이터베이스 문서: 기본 서식으로 새 데이터베이스를 시작합니다.

❺ 온라인 예제 서식 파일 검색: 온라인 서식 파일 및 테마를 이용하여 데이터베이스를 검색하고 미리 작성해 놓은 양식으로 데이터베이스를 생성할 수 있습니다.

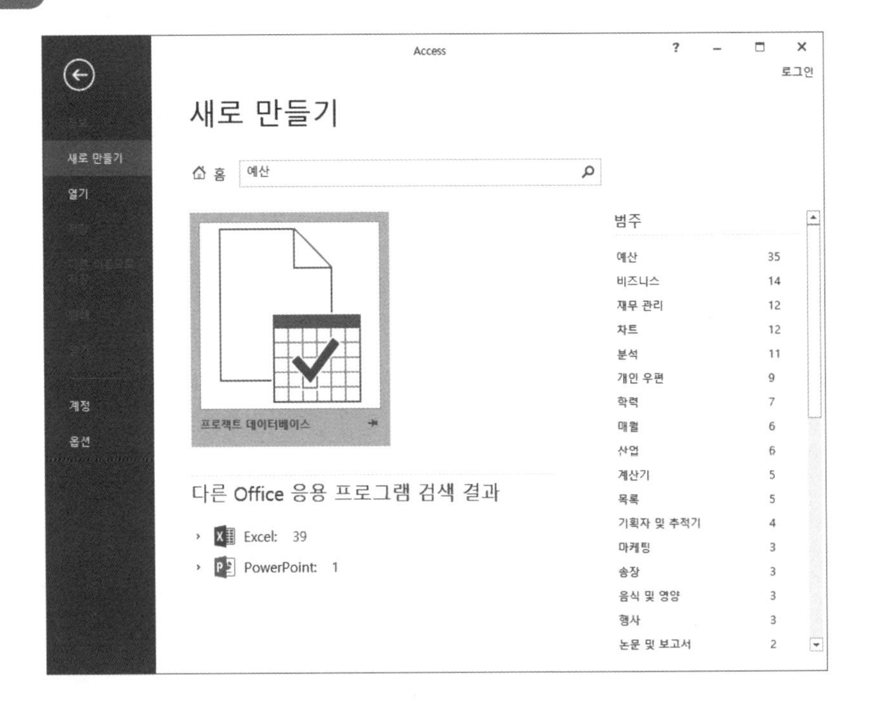

2. Access 2016 화면 구성

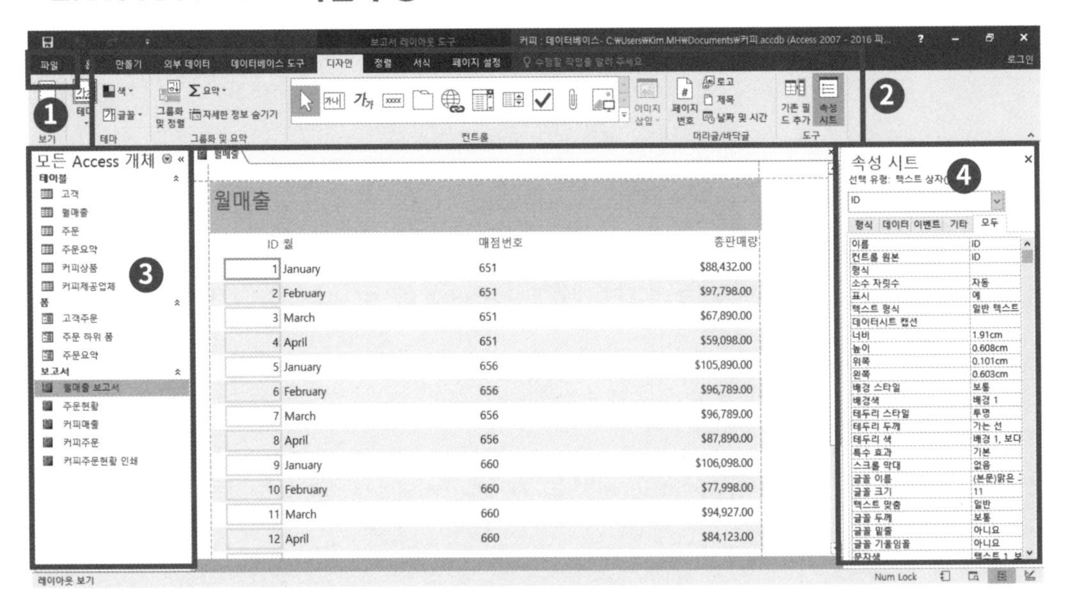

❶ 파일 단추

저장, 열기, 닫기, 정보, 새로 만들기, 인쇄, 옵션 등의 메뉴 표시입니다.

❷ 리본 메뉴

Access 2016에서 사용할 수 있는 모든 명령이 제공되며 관련된 기능을 탭 - 그룹 - 명령 순으로 분류되어 표시됩니다.

❸ 탐색 창

Access에서 사용하는 모든 개체들이 표시되는 창입니다.

- 테이블: 테이블은 데이터베이스의 모든 개체 중에서 가장 기본이 되는 개체로 데이터를 저장하게 됩니다. 테이블에서 열은 필드, 행은 레코드라고 합니다.
- 쿼리: 테이블이나 쿼리를 이용하여 조건에 맞는 데이터를 추출하여 만든 개체입니다.
- 폼: 테이블이나 쿼리를 원본으로 하여 입력과 출력 등을 직관적으로 보이게 하고 데이터를 쉽게 취급할 수 있도록 도와주는 개체입니다.
- 보고서: 테이블이나 쿼리를 이용하여 만든 결과 보고서입니다.

❹ 작업창

특정 작업이 필요한 때마다 오른쪽에 별도의 창으로 나타납니다.

TIP

실제 시험에서 개체 창을 닫지 말라는 지문이 없을 경우에는 개체를 닫는 것을 원칙으로 합니다.
문제에서 저장하라는 지문이 없을 경우 저장을 하지 않습니다. 시험에서는 저장을 하지 않고 개체를 닫아도 저장하라는 경고 창이 나타나지 않습니다.

CHAPTER 01

MOS Access 2016 CORE

Access 환경 관리

현재 데이터베이스를 백업 및 복구 옵션 설정할 수 있고 Access의 다양한 개체의 이름 변경, 삭제, 숨김 해제 등을 관리할 수 있습니다.

SECTION 1 데이터베이스 옵션 관리

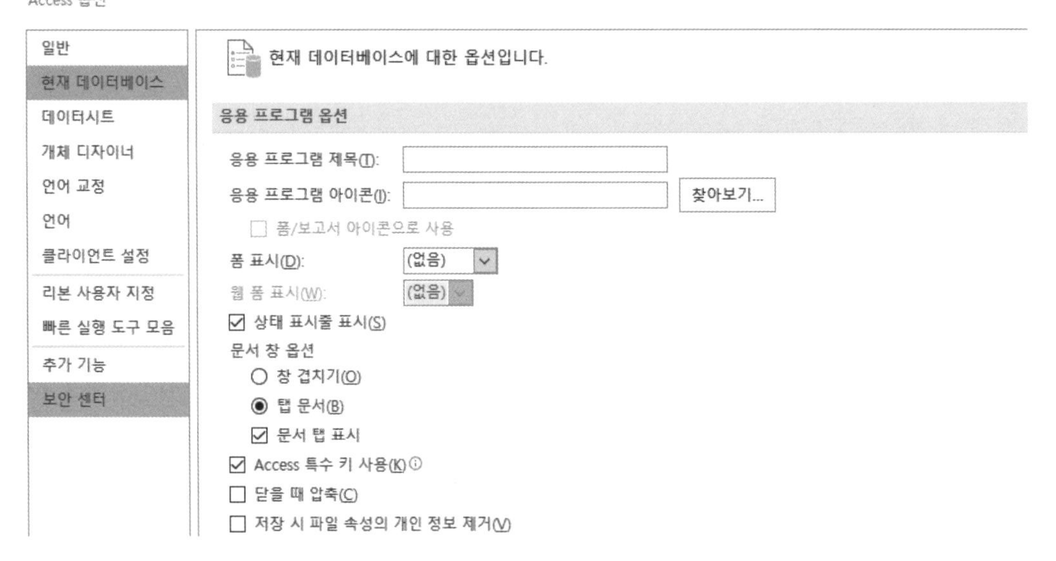

예제 문제

Q1. 현재 데이터베이스를 닫을 때 자동으로 압축되도록 설정합니다. 이 데이터베이스를 닫지 마십시오.

Q2. 기본 파일 이름을 사용하여 데이터베이스를 문서 폴더에 백업합니다. 문서 폴더가 여러 개 표시되는 경우 어떤 폴더를 선택해도 괜찮습니다.

Q3. 데이터베이스를 닫을 때 자동으로 압축되도록 데이터베이스를 구성합니다. 이 데이터베이스를 닫지 마십시오.

Q4. "상품 주문"이라는 폼을 사용하여 현재 데이터베이스에 폼을 표시하도록 설정합니다. 이 데이터베이스를 닫지 마십시오.

Q5. 현재 데이터베이스를 압축 및 복구합니다.

SECTION 2 탐색 창 구성

탐색 창에는 Access 2016에서 생성한 개체가 표시되며 개체의 이름 변경, 삭제, 숨기기 등 기본적인 사항 등을 관리합니다.

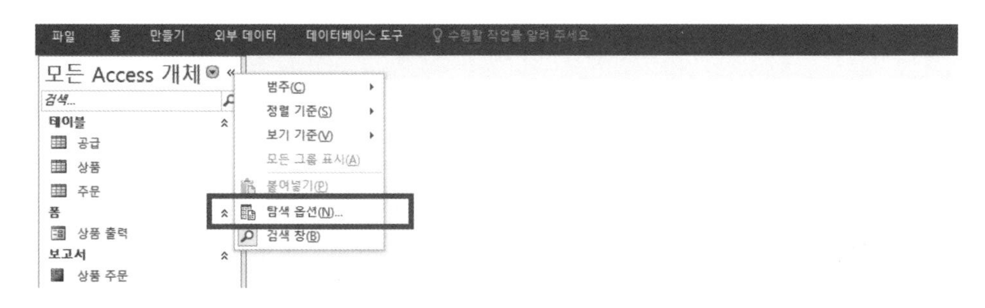

예제 문제

Q1. "주문" 테이블의 이름을 "상품 주문"으로 테이블 이름을 변경합니다.

Q2. "상품 주문" 보고서를 삭제합니다.

Q3. "공급" 테이블을 삭제합니다.

Q4. "관리자"라는 이름의 숨겨진 테이블이 보이도록 설정합니다.

CHAPTER 02

MOS Access 2016 CORE

테이블 만들기

테이블은 데이터베이스의 모든 개체 중에서 가장 기본이 되는 개체로 데이터를 저장하게 됩니다. 테이블을 작성하고 기존 테이블에 새로운 필드를 추가, 삭제하거나 필드 속성을 변경할 수 있습니다. 또한, 데이터시트에서 특정 필드를 기준으로 정렬하고 특정 값만 포함된 레코드만 표시하도록 필터를 적용할 수 있습니다. 여러 테이블을 연결하는 관계를 설정하고 외부 데이터를 불러와서 테이블을 작성할 수 있습니다.

SECTION 1 테이블 만들기

테이블은 데이터베이스에 데이터를 저장 및 관리하는 가장 기본적인 개체로, 입력되는 데이터에 다양한 필드 형식을 지정할 수 있습니다. 테이블 생성 시 각 레코드를 유일하게 식별할 수 있는 필드(기본키)가 존재해야 하며 각 필드 속성 및 데이터 형식을 지정할 수 있습니다.

또한, 응용 프로그램 요소를 사용하여 기존 데이터베이스에 기본 구조가 설정되어 있는 폼이나 구성 요소를 추가하여 문제점, 설명 등 다양한 서식 파일을 다른 테이블과 연결할 수 있습니다.

예제 문제

Q1. 고객 코드를 기본키 필드로 사용하는 "고객" 이름의 새 테이블을 만듭니다. "고객 코드"의 데이터 형식을 일련번호로 설정하고, "고객 이름", "전화", "주소", "비고"는 텍스트 필드로 지정하고 테이블을 저장합니다.

Q2. 데이터 형식이 일련번호인 "물품 번호" 필드와 데이터 형식이 숫자인 "창고" 필드를 입력하여 "보관됨"이라는 새 테이블을 만듭니다. 테이블을 저장합니다.

Q3. 공급 업체 ID를 기본키 필드로 사용하는 "거래처" 새 테이블을 만듭니다. 데이터 형식을 "공급 업체 ID"는 일련번호, "거래처명", "대표자", "판매 물품"은 텍스트 필드로 지정하고, "판매일"은 날짜/시간으로 지정하고, "재고"는 yes/no로 지정하고 테이블을 저장합니다.

Q4. 설명이라는 템플릿을 기반으로 "설명"이라는 테이블을 만듭니다. 하나의 "상품"에 여러 설명을 연결합니다. 설명 테이블에는 '상품 이름'을 기반으로 '상품 조회'라는 조회 열이 있어야 합니다.

TIP

실제 시험에서 개체 창을 닫지 말라는 지문이 없을 경우에는 개체를 닫는 것을 원칙으로 합니다.
문제에서 저장하라는 지문이 없을 경우 저장을 하지 않습니다. 시험에서는 저장을 하지 않고 개체를 닫아도 저장하라는 경고 창이 나타나지 않습니다.

SECTION 2 필드 만들기 및 편집

사용자가 필요에 따라 기존 테이블에 새 필드를 추가, 제거하거나 필드의 이름 변경 등 필드의 속성을 변경할 수 있고, 필드의 데이터 형식에 따라 다양한 필드 속성을 변경할 수 있습니다.

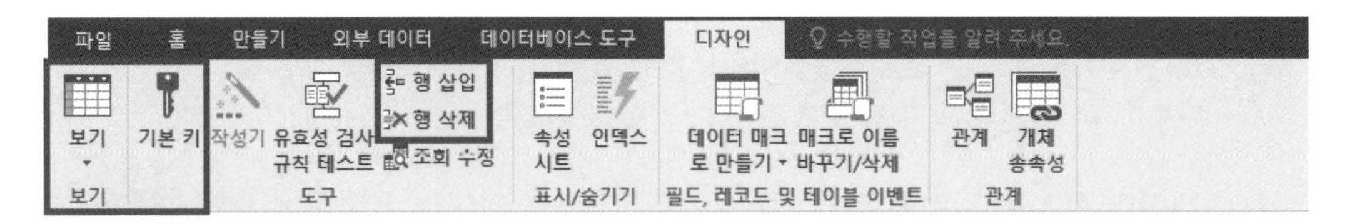

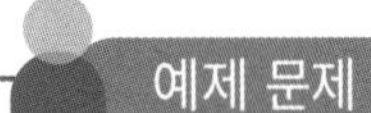

Q1. "판매 제품" 테이블에 "Beef stake"이라는 설명을 추가합니다.

Q2. "근무 관리" 테이블의 '주말 근무일' 필드 형식을 보통 날짜로 변경합니다.

Q3. "근무 관리" 테이블의 '휴가 신청일' 필드에 필드 값이 NULL이거나 또는 오늘 날짜 이후인지를 확인하는 유효성 검사 규칙을 추가합니다.

Q4. "직원" 테이블의 '연락처' 필드에 전화번호 입력 마스크를 적용합니다. 모든 기본 설정을 수락합니다.

Q5. "3rd Party" 테이블에서 'ID' 필드를 기본 키로 설정합니다.

Q6. "판매 제품" 테이블의 "품목명" 필드의 필드 크기를 "30"으로 변경합니다.

Q7. 새로운 레코드를 입력할 때에 근무 필드의 기본값이 No가 되도록 "직원" 테이블을 업데이트합니다.

Q8. "직원 홀 관리" 테이블의 '애칭' 필드에 "NickName"라는 캡션를 추가합니다.

Q9. "직원" 테이블에 "퇴직일" 필드를 추가합니다. 이 필드의 데이터 형식은 날짜/시간, 표시 형식은 보통 날짜, 현재 날짜를 기본값으로 설정하고 테이블을 저장합니다.

Q10. "3rd Party" 테이블에서 '설명' 필드를 삭제합니다.

SECTION 3 레코드 정렬 및 필터

특정 필드를 기준으로 레코드를 오름차순이나 내림차순으로 정렬할 수 있으며, 조건을 지정하여 조건에 적합한 레코드만 필터링하여 표시할 수 있습니다.

또한, 불필요한 필드를 숨기기 하여 테이블에서 안 보이게 하거나 레코드를 추가, 제거할 수도 있습니다. 이때 저장 버튼을 누르지 않아도 자동으로 저장되므로 주의가 필요합니다.

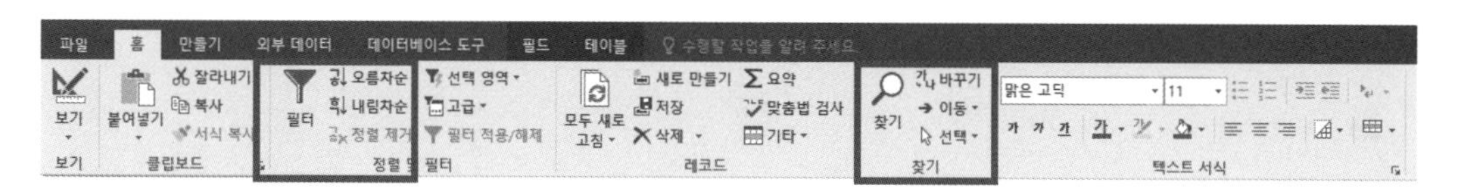

예제 문제

Q1. 6월에 주문한 주문 일자만 표시하도록 "주문" 테이블을 필터링합니다.

Q2. "직원" 테이블의 레코드를 '성별'을 기준으로 알파벳순으로 정렬한 다음, '그룹' 필드를 오름차순으로 정렬합니다.

Q3. "판매 제품" 테이블에서 필드의 일부인 것을 포함하여 스테이크라는 모든 단어를 "비프 스테이크"로 바꿉니다. 변경 사항을 저장하고 테이블을 닫습니다.

Q4. "주문" 테이블에 요약 행을 추가합니다.

Q5. "직원" 테이블에서 '생년월일' 필드를 숨깁니다.

SECTION 4 관계 설정 및 편집

관계(Relationship)는 개체(Entity)와 개체(Entity) 또는 속성(Attribute)과 속성(Attribute) 간의 관계로 두 개 이상의 테이블을 연결시키는 것을 말합니다. 여러 테이블에 저장된 데이터를 연결하여 필요한 정보를 생성시키기 위한 역할을 담당합니다.

관계형 데이터베이스에서는 관계를 맺기 위해서는 반드시 하나의 테이블에 기본 키와 참조하는 테이블에 외래 키가 존재해야 합니다.

❶ 기본 키

테이블의 각 레코드를 유일하게 식별하는데 사용되는 필드로 중복되지 않고 Null(공백) 값을 가질 수 없습니다.

❷ 외래 키

기본 키를 참조하는 필드로 참조하는 테이블의 기본 키와 일치해야 하고 Null(공백)을 가질 수 있습니다.

관계가 이루어지는 형식에 따라 일대일(1:1), 일대다(1:N), 다대다(N:M) 형식으로 관계가 종류가 나누어집니다.

❶ 일대일(1:1): 테이블 A의 각 레코드는 테이블 B의 하나의 레코드에만 대응되며, 테이블 B의 각 레코드도 테이블 A의 한 레코드에만 대응되는 관계 형식
Ex. 애인 관계 - 한 남자는 한 여자와 애인 관계

❷ 일대다(1:N): 테이블 A의 한 레코드는 테이블 B의 여러 레코드와 대응될 수 있지만, 테이블 B의 한 레코드는 테이블 A의 한 레코드에만 대응되는 관계 형식
Ex. 소유 관계 - 한 사람이 여러 마리의 개를 소유

❸ 다대다(N:M): 테이블 A의 한 레코드는 테이블 B의 여러 레코드와 대응되며, 테이블 B에서도 한 레코드가 테이블 A의 여러 레코드와 대응되는 관계 형식

Ex. 주무 관계 – 여러 사람의 여러 물건을 주문

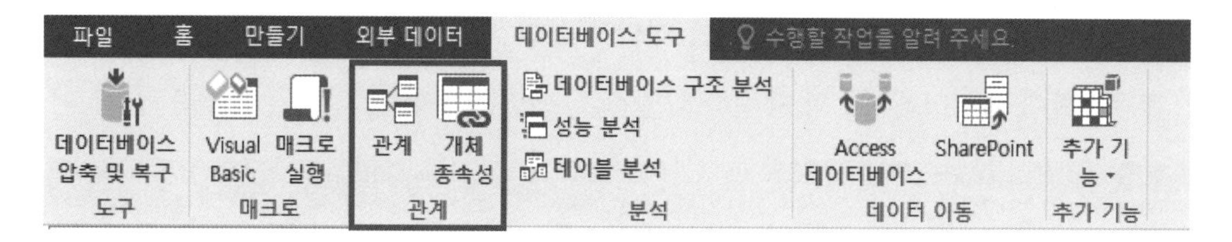

예제 문제

Q1. "구매 주문 정보" 테이블의 '공급 업체 이름' 필드와 "제품 판매 정보" 테이블의 '공급 업체 이름' 필드 간에 일대일 관계를 만듭니다. 이 관계는 "구매 주문 정보"에서는 모든 레코드를 포함하고, "제품 판매 정보"에서는 조인된 필드가 일치하는 레코드만 포함되도록 설정합니다. 기타 모든 설정은 기본값으로 유지합니다.

Q2. "영업사원 목록" 테이블의 '사원 ID' 필드와 "구매 주문 정보" 테이블의 '사원 ID' 필드 간에 일대다 관계를 만듭니다. 관련 필드가 모두 업데이트되도록 관계를 설정합니다.

Q3. "영업사원 목록" 테이블과 "수주 정보" 테이블의 관계를 삭제합니다.

Q4. "수주 정보" 테이블과 "구매 주문 정보" 테이블의 관계를 관련 레코드가 모두 삭제되도록 관계를 설정합니다.

SECTION 5 외부 데이터 가져오기

데이터베이스를 구성할 때 다른 데이터베이스의 개체나 엑셀 통합 문서 등 다양한 문서에서 새 테이블로 가져오거나 연결하여 사용할 수 있습니다.

또한, 현재 데이터베이스의 개체를 다양한 형식으로 내보내기 할 수도 있습니다.

Q1. [첨부] 폴더의 SaleGames 데이터베이스에서 "게임 목록" 테이블을 가져옵니다. 가져오기 단계를 저장하십시오.

Q2. "연간 매출" 테이블을 문서 폴더에 "거래 상품 판매 실적"이라는 이름의 Excel 통합 문서로 저장합니다. 서식 및 레이아웃 정보를 유지합니다.

Q3. [첨부] 폴더의 상품.xlsx 통합 문서를 상품 테이블에 추가합니다.

Q4. [첨부] 폴더에 있는 고객.xlsx 통합 문서에 연결된 "상품 주문 고객 정보"라는 이름의 테이블을 만듭니다.

Q5. [첨부] 폴더에 있는 매출.csv 파일의 데이터를 "실적" 테이블에 레코드로 추가합니다. 파일의 첫 번째 행에는 필드 이름이 포함되어 있습니다.

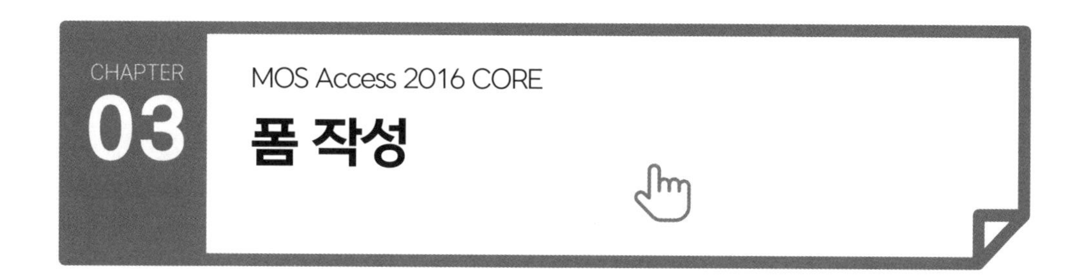

CHAPTER 03

MOS Access 2016 CORE

폼 작성

폼(Form)은 테이블에 레코드를 보다 쉽게 입력하거나 검색 및 관리할 수 있게 해주는 개체입니다. 폼은 기존 테이블이나 쿼리를 기반으로 작성하며 레코드 원본과 연동하여 동작합니다. 다양한 방법으로 폼을 작성하고 디자인, 정렬, 서식 탭을 활용하여 작성된 폼을 편집할 수 있습니다.

SECTION 1 폼 만들기

폼은 테이블이나 쿼리를 이용하여 작성하며 데이터가 추가되거나 삭제되면 연결된 개체에 바로 적용됩니다. 새로운 폼을 작성하기 위해서는 폼 마법사를 사용하거나 폼 디자인, 탐색 폼, 새 폼 등을 사용할 수 있습니다.

예제 문제

Q1. 폼 마법사를 이용하여 "공급 업체" 테이블의 팩스 필드를 제외한 모든 필드를 사용하여 데이터시트 모양의 "공급 업체 관리" 이름의 폼을 만듭니다.

Q2. 왼쪽 가로 탭에는 "주문 업체" 폼을, 오른쪽 가로 탭에는 "주문서" 폼을 표시하는 "업체 정보"라는 탐색 폼을 만듭니다.

Q3. "공급 업체" 테이블의 '공급 업체 코드', '담당자명', '도시명' 필드와 "제품" 테이블의 '제품번호', '제품명', '재고량', '발주량' 필드를 포함하는 "재고 및 발주"라는 폼을 만듭니다. 하위 폼의 이름이 "공급 제품명"인 데이터시트 형식의 하위 폼을 만듭니다.

SECTION 2 폼 디자인 탭 옵션

폼을 디자인 보기로 열어 테마를 적용하거나 컨트롤을 삽입하고 머리글/바닥글을 설정할 수 있습니다.

또한, 기존 필드를 추가하거나 속성 시트를 이용하여 컨트롤에 다양한 속성을 설정할 수 있습니다.

예제 문제

Q1. "공급 업체" 폼에서 폼 머리글에 레이블 컨트롤을 삽입하고 "거래처 현황" 제목을 입력합니다.

Q2. "주문서" 폼의 '수주일' 필드 바로 아래에 "주문서" 테이블의 '납기일' 및 '선적일'을 표시하도록 수정합니다. 변경 사항을 저장합니다.

Q3. "공급 업체"라는 폼의 "담당자명" 필드의 "컨트롤 팁 텍스트"를 추가합니다. 컨트롤 팁에는 "동명이인이 있을 경우 일련번호와 함께 입력합니다"라고 표시되어야 합니다.

Q4. "주문서 상세"라는 폼에 패싯 테마를 적용합니다.

Q5. "주문 업체" 폼에서 모든 레이블 컨트롤에 볼록 효과를 적용하십시오.

Q6. "공급 업체" 폼에서 모든 필드를 순서대로 이동하도록 탭 순서를 자동으로 정렬하십시오.

Q7. "주문서_내역" 쿼리의 모든 필드를 사용하는 데이터 시트 하위 폼을 "주문서 상세" 폼에 추가합니다. 하위 양식의 이름을 "주문 양식"이라고 지정합니다. 모든 폼을 저장합니다.

Q8. "주문 업체" 폼에서 인쇄되는 양식의 행 간격을 "1.5cm"로 설정합니다.

SECTION 3 폼 정렬 탭 옵션

폼에 사용된 컨트롤의 여백을 조정하거나 크기 및 맞춤 조정을 할 수 있습니다.

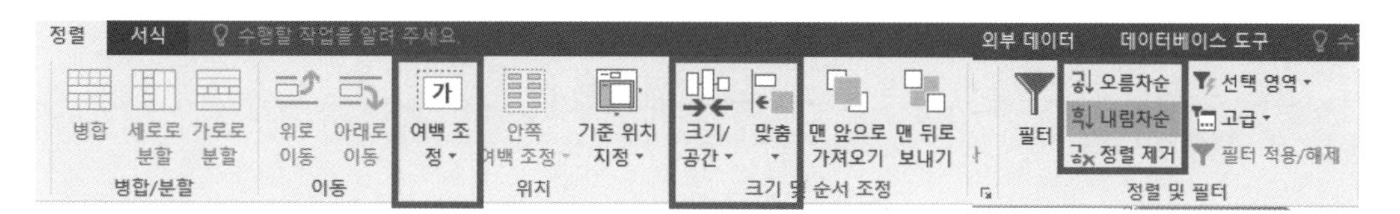

예제 문제

Q1. "판매 정보" 폼에서 '판매가' 레이블을 '판매 ID' 레이블 왼쪽 기준에 맞춰 정렬합니다.

Q2. "회원 정보" 폼에서 '생년월일' 필드의 너비는 가장 넓은 너비의 필드와 같게, 높이는 가장 긴 길이 필드와 같게 만드시오.

Q3. "판매 정보" 폼에서 본문 섹션의 모든 컨트롤의 세로 간격을 동일하게 맞추시오.

Q4. "여행 국가" 폼에서 폼 머리글에 있는 제목 컨트롤의 여백을 넓게 지정합니다. 해당 폼을 저장합니다.

Q5. "소속 국가 회원" 폼의 레코드를 '구매가격' 필드를 기준으로 알파벳 순으로 정렬합니다.

SECTION 4 폼 서식 탭 옵션

폼에 사용된 컨트롤의 글꼴을 변경할 할 수 있고, 글꼴 크기, 글꼴 색, 배경색을 지정하거나 폼의 배경 이미지를 설정할 수 있습니다.

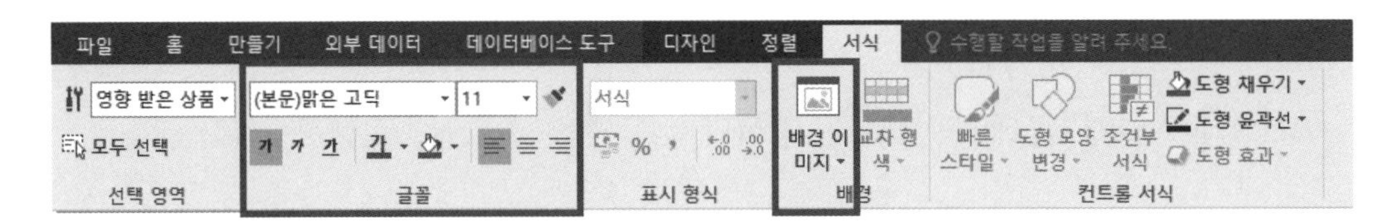

예제 문제

Q1. "문제점 입력" 폼의 제목 글꼴은 HY견고딕, 글꼴 크기는 24로 지정합니다.

Q2. "문제점 입력" 폼에서 본문 섹션의 모든 레이블 컨트롤에 글자색을 파랑으로 지정합니다.

Q3. "문제점 분석" 폼에서 본문 섹션의 배경색을 [연한 파랑 2]로 변경한 후 폼을 저장합니다.

Q4. "제품 입력" 폼의 배경 이미지 갤러리의 "배경 3"으로 변경합니다.

CHAPTER 04

MOS Access 2016 CORE

쿼리 작성 및 관리

여러 테이블에서 쿼리(Query)를 통해 추출한 레코드 집합을 "레코드 세트"라 부르며, 레코드 세트는 물리적으로 존재하지 않지만 테이블과 동일한 역할을 수행합니다. 쿼리는 테이블이나 다른 쿼리를 대상으로 필드를 가져와 요약하고 이 쿼리를 원본으로 폼 및 보고서로 활용할 수 있습니다.

SECTION 1 쿼리 작성

쿼리는 테이블이나 다른 쿼리에서 원하는 레코드를 검색하여 그 결과를 데이터시트 형태로 표시한다. 쿼리 작성은 쿼리 마법사나 쿼리 디자인을 이용하며 쿼리를 활용하여 결과를 새로운 테이블을 작성하거나 테이블에 필터를 통해 원하는 레코드만 추가, 업데이트, 삭제할 수 있습니다.

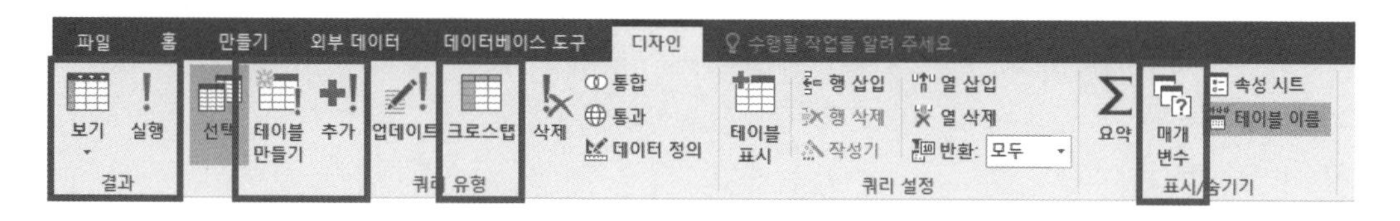

예제 문제

Q1. "거래처 정보" 테이블의 '거래처명', '제품 코드' 및 '제품명' 필드와 "제품 구매" 테이블의 '구매 날짜' 및 '수량' 필드를 표시하는 "판매 목록"이라는 쿼리를 만듭니다. 쿼리 실행은 선택 사항입니다.

Q2. 판매 현황 테이블과 제품 정보 테이블을 사용하여 '판매 날짜', '제품명', '단가' 필드를 포함하는 쿼리를 만들고, 세 개 필드를 모두 오름차순으로 정렬합니다. 이 쿼리에서 "정렬된 목록"이라는 테이블을 만듭니다. 쿼리의 이름을 "정렬된 판매 목록"으로 저장합니다.

Q3. "제품 정보" 테이블의 '제품 코드', '제품명', '거래처명', '재고'라는 필드를 사용하여 "재고 있음 또는 재고 없음"이라는 쿼리를 만듭니다. "재고"라는 매개 변수를 사용하고 예/아니오 데이터 형식을 지정합니다.

Q4. "상품" 테이블의 레코드를 "조사 아카이브" 테이블에 추가하는 "조사 상품 아카이브"라는 쿼리를 만듭니다. 'ID' 필드는 포함하지 마십시오. 쿼리 실행은 선택 사항입니다.

Q5. 마법사를 사용하여 매월 거래처명에서 구매한 총구매 수량을 보여 주는 "매월 거래처에서 구매한 총구매 수량"이라는 쿼리를 만듭니다. "제품 구매" 테이블의 각 거래처명의 날짜별 레코드를 단순 쿼리로 만든 뒤에, 크로스탭 쿼리를 사용해서 월별 판매된 총구매 수량을 보여 줍니다. 쿼리 실행은 선택 사항입니다.

TIP

실제 시험에서 개체 창을 닫지 말라는 지문이 없을 경우에는 개체를 닫는 것을 원칙으로 합니다.
문제에서 저장하라는 지문이 없을 경우 저장을 하지 않습니다. 시험에서는 저장을 하지 않고 개체를 닫아도 저장하라는 경고 창이 나타나지 않습니다.

SECTION 2 필드 관리 및 편집

작성된 쿼리를 원하는 조건에 맞게 수정 및 편집할 수 있습니다. 새로운 필드를 추가하거나 필요 없는 필드를 제거할 수 있고 필드의 위치를 재배치할 수 있습니다.

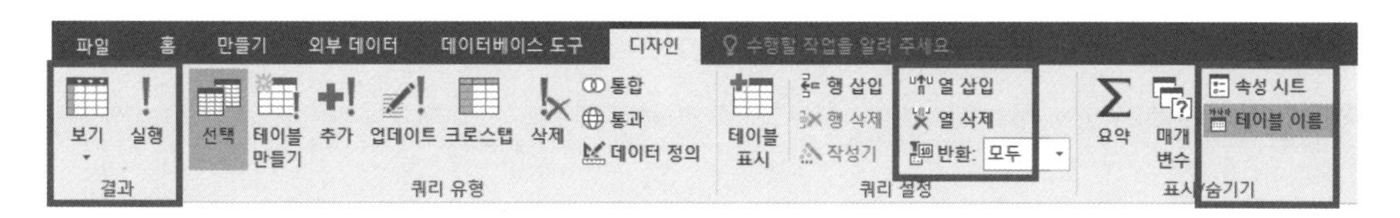

예제 문제

Q1. "월별 판매 현황" 쿼리에 있는 '판매 수량 평균' 필드의 값을 소수점 한 자리까지 표시하도록 수정합니다. 쿼리 실행은 선택 사항입니다.

Q2. 구매 수량이 200개가 넘는 상품만 보여지도록 "월별 합계" 쿼리를 수정합니다. 쿼리 실행은 선택 사항입니다.

Q3. '거래처명' 필드를 포함하도록 "제품 정보 쿼리"를 수정합니다. 쿼리 실행은 선택 사항입니다.

Q4. 재고가 있는 제품만 나타나도록 "제품 정보 쿼리"의 조건을 추가합니다. 쿼리 실행은 선택 사항입니다.

Q5. "일별 판매 현황" 쿼리를 수정하여 '거래처명' 필드를 기준으로 내림차순, '판매수량' 필드를 기준으로 오름차순 정렬합니다. 변경 사항을 저장합니다. 쿼리 실행은 선택 사항입니다.

Q6. "일별 판매 현황" 쿼리에서 '분류 코드'와 '제품 코드' 필드를 숨깁니다. 쿼리를 저장합니다.

Q7. "제품별 구매 금액" 쿼리에 "거래처 정보" 테이블의 담당자 필드을 추가합니다.

Q8. "제품별 구매 금액" 쿼리에서 '재고' 필드를 제거합니다.

Q9. "일별 구매 현황" 쿼리에서 '구매 금액' 필드가 여섯 번째 열에 오도록 배치합니다. 쿼리를 저장합니다.

SECTION 3 요약 계산 및 계산 필드

쿼리에서 합계, 평균, 최댓값, 최솟값 및 개수 등을 소계를 요약 계산하거나 기존 필드를 활용하여 새로운 필드를 계산 필드로 추가할 수 있습니다.

계산 필드 만드는 공식 - 새로운 필드명 : [필드] 연산자 [필드]

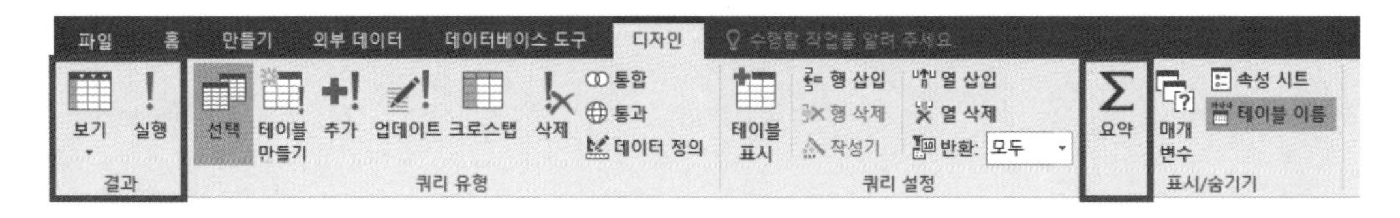

예제 문제

Q1. "주문 비용" 쿼리에 '수량'과 '비용'의 곱하여 합계를 계산하는 "주문 금액"이라는 필드를 추가합니다. 쿼리를 저장합니다. 쿼리 실행은 선택 사항입니다.

Q2. "상품 매출" 쿼리에 '인터넷 판매'과 '매점 판매의 합계를 계산하는 "총판매 금액"이라는 필드를 추가합니다. 쿼리를 저장합니다. 쿼리 실행은 선택 사항입니다.

Q3. "직원별 평균 비용" 쿼리에서 '직원명' 필드를 기준으로 '비용'필드의 평균값을 계산하도록 쿼리를 수정합니다. 쿼리 실행은 선택 사항입니다.

Q4. "주문 비용" 쿼리의 기록을 '직원명' 필드를 기준으로 '수량' 필드의 합계 값을 계산하는 단순 요약 쿼리를 만듭니다. 이 쿼리의 제목을 "직원별 총판매 수량"으로 지정합니다. 쿼리 실행은 선택 사항입니다.

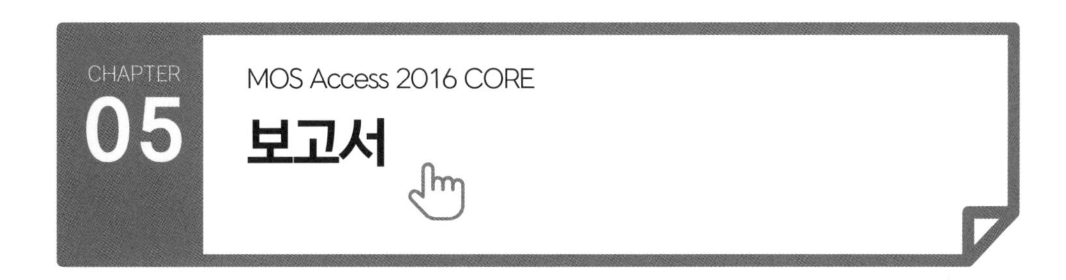

보고서(Report)는 기존의 테이블이나 쿼리 데이터를 원하는 형식의 인쇄물로 출력해 보기 위한 개체입니다. 폼 작성과 사용 방법이 유사하며 보고서를 만들고, 레이아웃과 디자인을 변경하고, 인쇄를 위한 다양한 옵션을 설정할 수 있고, 보고서에서 레코드를 정렬 및 필터를 통해 원하는 레코드만 출력할 수 있습니다.

SECTION 1 보고서 만들기

보고서(Report)는 테이블이나 쿼리를 원본으로 하여 작성합니다. 보고서 마법사, 보고서 디자인, 새 보고서 등 다양한 방법을 이용하여 보고서를 작성할 수 있습니다.

예제 문제

Q1. 마법사를 사용하여 "출판 정보" 쿼리의 'ID' 및 '이름' 필드를 제외한 모든 필드를 포함하여 "베스트셀러"라는 보고서를 만듭니다. 다른 모든 설정을 기본값으로 유지합니다.

Q2. 새 보고서를 사용하여 "책제목" 테이블의 'ID', '제목', '범주' 필드를 "출간 서적" 테이블의 '작가' 필드를 포함하는 새 보고서를 만들고, "출판 서적" 보고서 이름으로 저장합니다.

Q3. 마법사를 사용하여 "매출" 쿼리의 'ID' 필드를 제외한 모든 필드를 포함하여 새 보고서를 만듭니다. "판매점" 필드를 그룹으로 묶고 "판매일" 필드를 기준으로 오름차순으로 정렬합니다. 보고서를 단계 모양의 가로 방향으로 설정하고 "책 판매 현황 인쇄"라는 이름으로 지정합니다.

Q4. 마법사를 사용하여 "작가", "책제목" 및 "2018년 매출" 테이블을 기반으로 보고서를 만듭니다. 이 보고서에는 '제목', '판매점', '판매일', '수량'이 작가의 '이름'을 기준으로 그룹화되어야 합니다. '판매일'을 기준으로 내림차순 정렬한 다음, '수량'을 기준으로 내림차순 정렬합니다. 보고서의 제목은 "작가별 매출"로 지정합니다. 다른 모든 설정을 기본값으로 유지합니다.

실제 시험에서 개체 창을 닫지 말라는 지문이 없을 경우에는 개체를 닫는 것을 원칙으로 한다.
문제에서 저장하라는 지문이 없을 경우 저장을 하지 않는다. 시험에서는 저장을 하지 않고 개체를 닫아도 저장하라는 경고 창이 나타나지 않는다.

SECTION 2 보고서 디자인 탭 옵션

보고서 디자인 탭을 활용하여 컨트롤 추가, 머리글/바닥글을 작성할 수 있고, 기존 보고서에 새로운 필드를 추가하거나 속성 시트를 활용하여 다양한 속성을 설정할 수 있습니다.

Q1. "커피 주문 현황 인쇄" 보고서에서 레코드를 '커피 상품명' 필드를 기준으로 그룹화합니다.

Q2. "커피 주문"보고서의 '고객명' 레이블 아래쪽에 "커피 상품" 테이블의 '커피 상품명' 필드 및 레이블을 추가합니다.

Q3. "커피 매출" 보고서의 '주문 가격' 필드 아래쪽에 각 제품에서 판매로 얻은 금액을 보여 주는 필드를 추가합니다. 이 필드의 레이블은 "주문 금액"으로 지정하고 값은 "주문 가격*수량"으로 계산합니다. 이 필드의 형식을 통화로 지정할 필요는 없습니다.

Q4. "주문 현황"보고서에서 '고객 ID' 레이블의 컨트롤이 잘못된 데이터 원본에 연결되었습니다. 데이터 원본을 '고객 ID' 필드로 변경하십시오. 보고서를 저장하십시오. (주의: 식 작성기를 사용하지 마십시오.)

Q5. "월매출 보고서" 보고서에서 "총판매량"이라는 레이블의 캡션을 "총판매 금액"로 변경합니다. 보고서를 저장합니다.

Q6. "고객별 주문" 보고서에서 고객 ID 바닥글 오른쪽에 텍스트 상자 컨트롤을 삽입하고 '가격' 필드의 합계를 구하는 계산식을 추가하고 레이블에는 "총주문 가격"이라고 입력합니다. 보고서를 저장하십시오.

Q7. "월매출 보고서" 바닥글 오른쪽에 텍스트 상자 컨트롤을 삽입하고 '총판매 금액' 필드의 평균을 구하는 계산식을 추가하고 레이블에는 "총매출 평균"이라고 입력합니다.

Q8. "고객정보" 보고서에서 본문에 있는 '이름' 텍스트 상자에 '성'과 '이름'이 같이 표시되어 '성 이름'으로 나타나도록 '이름' 필드를 수정합니다.

SECTION 3 보고서 정렬 탭 옵션

보고서에 사용된 컨트롤의 여백을 조정하거나 크기 및 맞춤 조정을 할 수 있습니다.

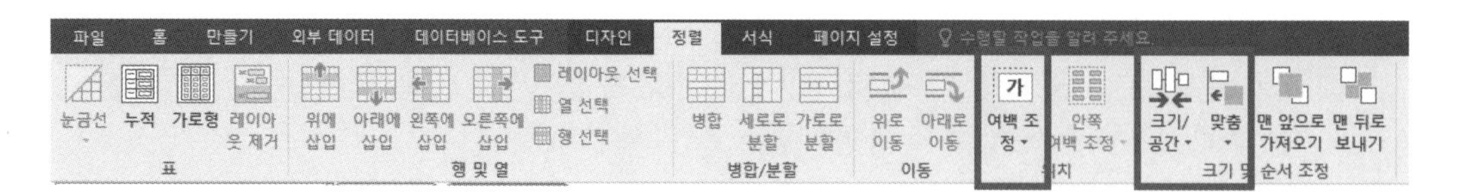

예제 문제

Q1. "상품 내역" 보고서에서 본문 섹션의 모든 컨트롤의 여백을 보통으로 변경합니다.

Q2. "지점별 매출" 보고서에서 가격 레이블을 상품 레이블 왼쪽 기준에 맞춰 정렬합니다.

Q3. "매출 상품 정보" 보고서에서 본문 섹션에 있는 모든 컨트롤의 세로 간격을 넓게 지정한 후 저장합니다.

Q4. "매장별 총판매 수량" 보고서에서 '총수량' 필드의 여백을 넓게로 지정합니다. 보고서를 저장합니다.

SECTION 4 보고서 서식 탭 옵션

보고서에 사용된 컨트롤의 글꼴을 변경할 할 수 있고, 글꼴 크기, 글꼴 색, 배경색을 지정하거나 폼의 배경 이미지를 설정할 수 있습니다.

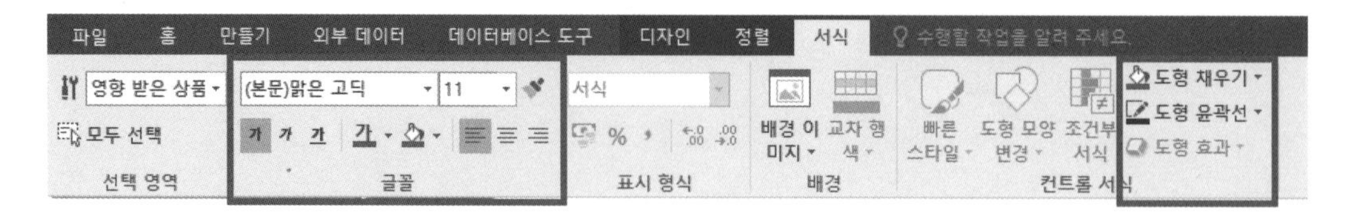

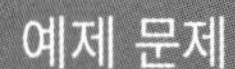

예제 문제

Q1. "지점별 매출" 보고서에 있는 '가격'이라는 이름의 텍스트 상자 컨트롤을 굵게, 색깔은 파랑, 강조5, 25% 더 어둡게로 적용합니다.

Q2. "매출 상품 정보" 보고서에서 본문의 모든 레이블에 글꼴 크기는 12, 글꼴 색은 녹색, 가운데 맞춤, 굵게를 설정합니다. 보고서를 저장합니다.

Q3. "상품별 평균 매출" 보고서에서 '상품별 평균 매출' 이름의 레이블에 도형 채우기 색은 노랑, 도형 윤곽선은 빨강으로 지정합니다.

Q4. "매장별 총판매 수량" 보고서에서 본문 섹션의 모든 컨트롤의 배경색을 적갈색 2로 변경한 후 저장합니다.

SECTION 5 레코드 정렬 및 필터

보고서에서 특정 필드를 기준으로 레코드를 오름차순이나 내림차순으로 정렬할 수 있으며, 조건을 지정하여 조건에 적합한 레코드만 필터링하여 보고서에 표시할 수 있습니다.

예제 문제

Q1. "구매 현황" 보고서에서 '제품명' 필드를 기준으로 알파벳 순으로 정렬합니다.

Q2. "판매 현황 내역" 보고서에서 거래처명이 LG전자 및 삼성전자인 레코드만 필터 합니다. 보고서를 저장합니다.

Q3. "제품 구매 내역" 보고서에서 '수량' 필드를 기준으로 내림차순으로 정렬합니다.

Q4. "판매 현황" 보고서에서 판매 금액이 15,000,000 이상인 레코드만 필터합니다. 보고서를 저장합니다.

SECTION 6 보고서 페이지 설정

보고서에서 페이지 크기, 용지 방향, 여백 등을 설정하여 출력할 수 있습니다.

Q1. "제품 구매 내역" 보고서에서 보고서의 여백은 넓게 지정하고 페이지 레이아웃을 가로로 변경합니다. 보고서를 저장합니다.

TIP

실제 시험에서 개체 창을 닫지 말라는 지문이 없을 경우에는 개체를 닫는 것을 원칙으로 합니다.
문제에서 저장하라는 지문이 없을 경우 저장을 하지 않습니다. 시험에서는 저장을 하지 않고 개체를 닫아도 저장하라는 경고 창이 나타나지 않습니다.

<확인 학습 01>

대한물류시스템에서는 Access를 사용하여 각 거래처별 주문 내역 정보를 추적합니다. Access 데이터베이스를 작성해야 합니다.

확인 1. 현재 데이터베이스를 압축 및 복구합니다.

확인 2. "매출 현황"라는 이름의 숨겨진 테이블이 보이도록 설정합니다.

확인 3. 배송 코드를 기본 키 필드로 사용하는 "물품 배송" 이름의 새 테이블을 만듭니다. '배송 코드'의 데이터 형식은 일련번호로 설정하고, '배송 지역', '배송 담당자', '연락처'는 텍스트 필드로 지정하고 테이블을 저장합니다.

확인 4. 문제점이라는 템플릿을 기반으로 폼을 포함하는 "문제점"이라는 테이블을 만듭니다. 하나의 "제품"에 여러 문제점을 연결합니다. 문제점 테이블에는 '제품 이름'을 기반으로 "제품 조회"라는 조회 열이 있어야 합니다.

확인 5. [첨부] 폴더에 있는 추가 거래처.xlsx 통합 문서를 거래처 테이블에 추가합니다.

확인 6. "거래처" 테이블의 '거래처 ID' 필드와 "주문" 테이블의 '거래처 ID' 필드 간에 일대일 관계를 만듭니다. 이 관계는 "거래처"에서는 모든 레코드를 포함하고, "주문"에서는 조인된 필드가 일치하는 레코드만 포함되도록 설정합니다. 기타 모든 설정은 기본값으로 유지합니다.

확인 7. 왼쪽 가로 탭에는 "공급 업체 입력" 폼을, 오른쪽 가로 탭에는 "공급 업체별 주문 현황" 폼을 표시하는 "업체 정보"라는 탐색 폼을 만듭니다.

확인 8. “공급 업체” 테이블의 ‘공급 업체 ID’, ‘공급 업체명’, ‘주소’ 필드와 “제품” 테이블의 ‘제품 이름’, ‘단가’, ‘분류’ 필드를 포함하는 “공급 업체 제품 관리”라는 폼을 만듭니다. 하위 폼의 이름이 “공급 제품”인 데이터 시트 형식의 하위 폼을 만듭니다.

확인 9. 주문 테이블과 주문 내역 테이블을 사용하여 ‘공급 업체명’, ‘주문 일자’, ‘거래처명’, ‘수량’ 필드를 포함하는 쿼리를 만들고, 4개 필드를 모두 오름차순으로 정렬합니다. 이 쿼리에서 “거래 목록”이라는 테이블을 만듭니다. 쿼리의 이름을 “정렬된 거래 목록”으로 저장합니다.

확인 10. 마법사를 사용하여 매월 공급 업체에서 주문한 총구매 수량을 보여 주는 “매월 공급 업체에서 주문한 총구매 수량”이라는 쿼리를 만듭니다. “공급 업체 주문” 쿼리의 각 공급 업체를 날짜별 레코드를 단순 쿼리로 만든 뒤에, 크로스 탭 쿼리를 사용해서 월별 주문한 총구매 수량을 보여 줍니다. 쿼리 실행은 선택 사항입니다.

확인 11. “주문 제품 총금액” 쿼리에서 ‘수량’과 ‘단가’를 곱하여 합계를 계산하는 “총금액”이라는 필드를 추가합니다. 쿼리를 저장합니다. 쿼리 실행은 선택 사항입니다.

확인 12. “공급 업체 주문” 쿼리의 기록을 ‘공급 업체명’ 필드를 기준으로 ‘수량’ 필드의 합계 값을 계산하는 단순 요약 쿼리를 만듭니다. 이 쿼리의 제목을 “공급 업체 총판매 수량”으로 지정합니다. 쿼리 실행은 선택 사항입니다.

확인 13. 마법사를 사용하여 “주문 제품 총금액” 쿼리의 모든 필드를 포함하여 새 보고서를 만듭니다. “거래처명” 필드를 그룹으로 묶고 ‘제품 이름’ 필드를 기준으로 오름차순으로 정렬합니다. 보고서를 단계 모양의 가로 방향으로 설정하고 “주문 제품 인쇄”라는 이름으로 지정합니다.

<확인 학습 02>

대한물류시스템에서는 Access를 사용하여 각 거래처별 매출 현황과 주문 내역 정보를 추적합니다. Access 데이터베이스를 수정해야 합니다.

확인 1. 기본 파일 이름을 사용하여 데이터베이스를 문서 폴더에 백업합니다. 문서 폴더가 여러 개 표시되는 경우 어떤 폴더를 선택해도 괜찮습니다.

확인 2. "매출 현황" 테이블의 이름을 "매출 집계"로 테이블 이름을 변경합니다.

확인 3. "주문" 테이블의 '주문 일자' 필드에 필드 값이 NULL이거나 또는 오늘 날짜 이후 인지를 확인하는 유효성 검사 규칙을 추가합니다.

확인 4. "거래처" 테이블의 '담당자 전화' 필드에 전화번호 입력 마스크를 적용합니다. 모든 기본 설정을 수락합니다.

확인 5. '담당자 직위' 필드가 대표이사만 표시되도록 "거래처" 테이블을 필터링합니다.

확인 6. "공급 업체" 테이블의 '공급 업체 ID' 필드와 "주문" 테이블의 '공급 업체명' 필드 간에 관계를 관련 필드가 모두 업데이트되도록 관계를 설정합니다.

확인 7. "공급 업체 입력" 폼에서 모든 레이블 컨트롤에 볼록 효과를 적용하십시오.

확인 8. "공급 업체 제품 관리" 폼의 레코드를 '공급 업체명' 필드를 기준으로 알파벳순으로 정렬합니다.

확인 9. "문제점_정보" 폼에서 본문 섹션의 배경색을 [밤색 3]으로 변경한 후 폼을 저장합니다.

확인 10. 총금액이 3,000,000원이 넘는 거래처만 보여지도록 "주문 제품 총금액" 쿼리를 수정합니다. 쿼리 실행은 선택 사항입니다.

확인 11. "공급 업체 주문" 쿼리에 "주문 내역" 테이블의 '거래처명' 필드를 주가합니다.

확인 12. 제품 이름을 기준으로 '수량' 필드의 평균값을 계산하도록 "평균 제품 판매" 쿼리를 수정합니다. 쿼리를 저장합니다.

확인 13. "주문 제품 인쇄"보고서에서 거래처명 바닥글 오른쪽에 텍스트 상자 컨트롤을 삽입하고 '총금액' 필드의 합계을 구하는 계산식을 추가하고 레이블에는 "총거래 금액"이라고 입력합니다. 보고서를 저장하십시오. 이 필드의 형식을 통화로 지정할 필요는 없습니다.

확인 14. "공급 업체별 주문 현황" 보고서의 레코드를 '공급 업체명' 필드를 기준으로 그룹화합니다.

확인 15. "주문 제품 인쇄" 보고서에서 본문 섹션의 모든 컨트롤의 여백을 보통으로 변경합니다.

확인 16. "공급 업체별 주문 현황" 보고서에 있는 '총금액' 이름의 텍스트 상자 컨트롤을 굵게, 색깔은 주황, 강조 2, 25% 더 어둡게로 적용합니다.

확인 17. "공급 업체별 주문 현황" 보고서에서 총금액이 3,500,000 이상인 레코드만 필터합니다. 보고서를 저장합니다.

프로젝트 1

우리 컨설팅에서는 Access를 사용하여 공급 업체 및 수주 정보를 추적합니다. Access 데이터베이스를 수정해야 합니다.

작업 1) "도매 업체"라는 이름의 숨겨진 테이블이 보이도록 설정합니다.

작업 2) "구매 주문 정보" 테이블의 '주문 ID' 필드와 "수주 정보" 테이블의 '수주 ID' 필드 간에 일대일 관계를 만듭니다. 이 관계는 "구매 주문 정보"에서는 모든 레코드를 포함하고, "수주 정보"에서는 조인된 필드가 일치하는 레코드만 포함되도록 설정합니다. 기타 모든 설정은 기본값으로 유지합니다.

작업 3) "수주 정보" 테이블을 문서 폴더에 "발주 정보"라는 이름의 Excel 통합 문서로 저장합니다. 서식 및 레이아웃 정보를 유지합니다.

작업 4) "영업사원 목록" 테이블에 "외주 업체 직원"이라는 설명을 추가합니다.

작업 5) 마법사를 사용하여 매월 제품을 수주한 총수주량을 보여 주는 "매월 제품 총수주량"이라는 쿼리를 만듭니다. "수주 정보" 테이블의 각 제품 ID의 거래일 레코드를 단순 쿼리로 만든 뒤에, 크로스탭 쿼리를 사용해서 월별 수주된 총수주량을 보여 줍니다. 쿼리 실행은 선택 사항입니다.

작업 6) "구매 주문 정보" 테이블의 '공급 업체 ID', '발주 ID', '수주일' 필드와 "공급 업체 목록" 테이블의 '공급 업체이름', '담당자', '직책' 필드를 포함하는 "주문 정보"라는 폼을 만듭니다. 하위 폼의 이름이 "업체 목록"인 데이터시트 형식의 하위 폼을 만듭니다.

작업 7) 마법사를 사용하여 "구매 주문 정보", "공급 업체 목록" 및 "영업사원 목록" 테이블을 기반으로 보고서를 만듭니다. 이 보고서에는 '공급 업체 이름', '담당자', '영업사원', '수주일'이 '발주 ID'를 기준으로 그룹화되어야 합니다. '수주일'을 기준으로 내림차순 정렬한 다음, '공급 업체 이름'을 기준으로 내림차순 정렬합니다. 보고서의 제목은 "사원 수주 현황"으로 지정합니다. 다른 모든 설정을 기본값으로 유지합니다.

프로젝트 2

프로스웨어에서는 교육용 소프트웨어를 개발합니다. Microsoft Access를 사용하여 상품에 대한 문제 및 문제 해결을 추적합니다.

작업 1) "문제점" 테이블의 '간략 설명', '보고 날짜', '보고자', '영향받은 상품', '수정됨'이라는 필드를 사용하여 "문제점 발견"이라는 쿼리를 만듭니다. "수정됨"이라는 매개 변수를 사용하고 예/아니오 데이터 형식을 지정합니다.

작업 2) "문제점 입력" 폼의 '간략 설명' 필드 바로 아래에 "제품" 테이블의 '상위 버전' 및 '하위 버전'을 표시하도록 수정합니다. 변경 사항을 저장합니다.

작업 3) "문제점 입력" 폼의 레코드를 '보고 날짜' 필드를 기준으로 알파벳순으로 정렬합니다.

작업 4) "문제 해결" 보고서의 레코드를 '영향받은 상품' 필드를 기준으로 그룹화합니다.

프로젝트 3

월드펫에서 애완용 자원 정보를 추적하는 데 사용할 Access 데이터베이스를 만들고 있습니다.

작업 1) [첨부] 폴더에 있는 petType.xlsx 통합 문서에 연결된 "pets"라는 이름의 테이블을 만듭니다.

작업 2) "대여 현황" 테이블의 '날짜' 필드 형식을 보통 날짜로 변경합니다.

작업 3) "회원" 테이블에서 국가 필드의 일부인 것을 포함하여 "North"라는 모든 단어를 "West"로 바꿉니다. 변경 사항을 저장하고 테이블을 닫습니다.

작업 4) "대여 현황" 테이블의 '반납일' 필드에 필드 값이 NULL이거나 또는 오늘 날짜 이후 인지를 확인하는 유효성 검사 규칙을 추가합니다.

작업 5) 기본 파일 이름을 사용하여 데이터베이스를 [문서] 폴더에 백업합니다. [문서] 폴더가 여러 개 표시되는 경우 어떤 폴더를 선택해도 괜찮습니다.

대한유통에서 소매처의 상품 판매를 추적하는 데 사용할 Access를 만들고 있습니다.

작업 1) "상품 쿼리"에 있는 '무게' 필드의 값을 소수점 두 자리까지 표시하도록 수정합니다. 쿼리 실행은 선택 사항입니다.

작업 2) 판매 가격이 $450가 넘는 판매 상품만 보이도록 "매출 쿼리"를 수정합니다. 쿼리 실행은 선택 사항입니다.

작업 3) "매출 상품 정보" 보고서의 '가격' 필드 오른쪽에 상품 테이블의 '무게' 필드 및 레이블을 추가합니다.

작업 4) "매장별 판매 금액" 보고서의 그룹 바닥글에 각 매장에서 판매로 얻은 총금액을 보여주는 필드를 추가합니다. 이 필드의 레이블은 "총매출 금액"으로 지정하고 값은 "가격*수량"으로 계산합니다. 이 필드의 형식을 통화로 지정할 필요는 없습니다.

작업 5) "지점별 매출" 보고서에 있는 '상품'이라는 이름의 레이블 컨트롤을 굵게, 색깔은 주황, 강조 2, 50% 더 어둡게로 적용합니다.

여행 스토리에서 회원 정보를 관리하는 데 사용할 Access 데이터베이스를 만들고 있습니다.

작업 1) "여행지" 테이블과 "회원 정보" 테이블의 관계에 참조 무결성이 유지되도록 설정합니다. 다른 모든 기본 설정을 기본값으로 유지합니다.

작업 2) 왼쪽 가로 탭에는 "회원 정보" 폼을, 오른쪽 가로 탭에는 "여행 국가" 폼을 표시하는 "세부 여행 정보"라는 탐색 폼을 만듭니다.

작업 3) [첨부] 폴더의 Education.accdb 데이터베이스에서 "교육 정보" 테이블을 가져옵니다. 가져오기 단계를 저장하십시오.

작업 4) "회원 정보" 테이블에서 "직업" 필드를 숨깁니다.

School Of Fine에서 다양한 기관의 학생 수강 신청을 추적하는 데 사용할 데이터베이스를 만들고 있습니다.

작업 1) 7월에 수업을 시작한 학생만 표시하도록 "수업" 테이블을 필터링합니다.

작업 2) "교수" 테이블의 '전화번호' 필드에 전화번호 입력 마스크를 적용합니다. 모든 기본 설정을 수락합니다.

작업 3) '강의실' 필드를 포함하도록 "1학기 수업" 쿼리를 수정합니다. 쿼리 실행은 선택 사항입니다.

작업 4) 활성 과목만 나타나도록 "수강 신청 과목" 쿼리의 조건을 추가합니다. 쿼리 실행은 선택 사항입니다.

Air America에서 승객 관리를 수행하는 데 사용할 데이터베이스를 만들고 있습니다.

작업 1) 현재 데이터베이스를 닫을 때 자동으로 압축되도록 설정합니다. 이 데이터베이스를 닫지 마십시오.

작업 2) "항공기" 테이블의 레코드를 "예비 항공기" 테이블에 추가하는 "예비 항공기 조사"라는 쿼리를 만듭니다. 'ID' 필드는 포함하지 마십시오. 쿼리 실행은 선택 사항입니다.

작업 3) "비행 정보"라는 폼의 '경유지' 필드의 "컨트롤 팁 텍스트"를 추가합니다. 컨트롤 팁에는 "경유지는 최대 4개 가능합니다." 라고 표시되어야 합니다.

작업 4) "승객"이라는 폼에 "이온(회의실)" 테마를 적용합니다.

2회 모의고사

프로젝트 1

GardenCompany에서는 Access를 사용하여 선적 상품, 주문 및 배송을 추적합니다. Access 데이터베이스를 수정해야 합니다.

작업 1) "비용 지출"이라는 이름의 숨겨진 테이블이 보이도록 설정합니다.

작업 2) "직원" 테이블의 '직원 ID' 필드와 "주문" 테이블의 '직원명' 필드 간에 일대일 관계를 만듭니다. 이 관계는 "직원"에서는 모든 레코드를 포함하고, "주문"에서는 조인된 필드가 일치하는 레코드만 포함되도록 설정합니다. 기타 모든 설정은 기본값으로 유지합니다.

작업 3) "카테고리" 테이블을 문서 폴더에 "상품 제목"이라는 이름의 Excel 통합 문서로 저장합니다. 서식 및 레이아웃 정보를 유지합니다.

작업 4) "해운회사" 테이블에 "유럽"이라는 설명을 추가합니다.

작업 5) 마법사를 사용하여 매월 직원이 선적한 총선적 비용을 보여 주는 "매월 직원이 선적한 총선적 비용"이라는 쿼리를 만듭니다. "주문" 테이블의 각 직원명을 선적 날짜별 레코드로 단순 쿼리로 만든 뒤에, 크로스탭 쿼리를 사용해서 월별 선적된 총선적 비용을 보여 줍니다. 쿼리 실행은 선택 사항입니다.

작업 6) "카테고리" 테이블의 '카테고리 이름' 필드와 "생산" 테이블의 '상품', '단위', '단위가격', '수량' 필드를 포함하는 "생산자 관리"라는 폼을 만듭니다. 하위 폼의 이름이 "상품 관리"인 데이터시트 형식의 하위 폼을 만듭니다.

작업 7) 마법사를 사용하여 "생산", "주문" 및 "직원" 테이블을 기반으로 보고서를 만듭니다. 이 보고서에는 '상품', '카테고리 ID', '수량' 및 '선적일'이 직원의 '성'을 기준으로 그룹화되어야 합니다. '상품'을 기준으로 내림차순 정렬한 다음, '수량'을 기준으로 내림차순 정렬합니다. 보고서의 제목은 "직원 선적 관리"로 지정합니다. 다른 모든 설정을 기본값으로 유지합니다.

수강 신청 데이터베이스의 사용자 적합성을 검토하는 중입니다.

작업 1) "수강 신청" 테이블의 'No name' 필드에 "수강 과목"이라는 캡션을 추가합니다.

작업 2) "수강 신청" 테이블의 레코드를 '수강료 지불'을 기준으로 알파벳순으로 정렬한 다음, '이름' 필드를 오름차순으로 정렬합니다.

작업 3) 데이터베이스를 닫을 때 자동으로 압축되도록 "수강 신청" 데이터베이스를 구성합니다. 이 데이터베이스를 닫지 마십시오.

작업 4) "수강 신청 양식"이라는 폼을 사용하여 현재 데이터베이스에 폼을 표시하도록 설정합니다. 이 데이터베이스를 닫지 마십시오.

축구선수의 유니폼 목록 데이터베이스를 업데이트하는 중입니다.

작업 1) "로스터" 테이블에서 '유니폼#' 필드를 기본 키로 설정합니다.

작업 2) [첨부] 폴더에 있는 Soccer.csv 파일의 데이터를 "로스터" 테이블에 레코드로 추가합니다. 파일의 첫 번째 행에는 필드 이름이 포함되어 있습니다.

작업 3) 설명이라는 템플릿을 기반으로 "설명"이라는 테이블을 만듭니다. 하나의 "로스터"에 여러 설명을 연결합니다. 설명 테이블에는 '유니폼#'를 기반으로 "제작번호"라는 조회 열이 있어야 합니다.

작업 4) "로스터" 테이블의 '이름' 필드의 필드 크기를 "15"로 변경합니다.

작업 5) 새로운 레코드를 입력할 때 '지불' 및 '배달' 필드의 기본값이 No가 되도록 "로스터" 테이블을 업데이트합니다.

작업 6) "로스터" 테이블과 "유니폼 사이즈" 테이블이 '사이즈' 필드에 참조 무결성이 유지되도록 관계를 편집합니다. 그런 다음 관계를 저장하시오.

프로젝트 4

출판 업무 데이터베이스의 기능을 확장하고 있습니다.

작업 1) 데이터 형식이 일련번호인 '판매번호' 필드와 데이터 형식이 숫자인 '판매일' 필드, 텍스트 형식인 '책 제목' 필드를 입력하여 "판매됨"이라는 새 테이블을 만듭니다. '판매번호'를 기본 키로 설정합니다. 테이블을 저장합니다.

작업 2) "2019년 출간 서적" 쿼리를 수정하여 '작가 이름' 필드를 기준으로 오름차순, '가격' 필드를 기준으로 내림차순 정렬합니다. 변경 사항을 저장합니다. 쿼리 실행은 선택 사항입니다.

작업 3) "작가" 테이블의 '작가 이름' 필드, "Books" 테이블의 "책 제목" 필드와 "책판매" 테이블의 '국내 판매' 필드를 표시하는 "작가별 국내 판매 목록"이라는 쿼리를 만듭니다. 쿼리 실행은 선택 사항입니다.

작업 4) 기본 파일 이름을 사용하여 "출판 업무" 데이터베이스를 백업합니다.

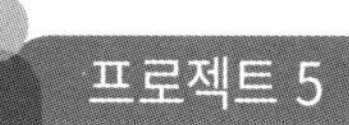

병원에서 의사별 환자 목록 보고서의 디자인을 수정 및 개선하고 있습니다.

작업 1) "입원환자 목록" 보고서에서 '환자ID' 레이블의 컨트롤이 잘못된 데이터 원본에 연결되었습니다. 데이터 원본을 "환자" 테이블의 '환자ID' 필드로 변경하십시오. 보고서를 저장하십시오.
(주의: 식 작성기를 사용하지 마십시오.)

작업 2) "입원환자 목록"보고서에서 '이름'이라는 레이블의 캡션을 "마지막 환자"로 변경합니다. 보고서를 저장합니다.

작업 3) "진료과별 환자 정보" 보고서에서 본문 섹션의 모든 컨트롤의 여백을 보통으로 변경합니다. 보고서를 저장합니다.

작업 4) "진료과별 환자 정보" 보고서에서 내과 의사의 이름이 '첫 번째 의사 마지막 의사'로 표시하도록 필드를 변경합니다.

상품 데이터베이스의 폼에 대한 데이터베이스를 수정하고 있습니다.

작업 1) "상품 출력" 폼의 배경 이미지 갤러리의 "상품 4"로 변경합니다.

작업 2) "주문" 폼에서 모든 레이블 컨트롤에 볼록 효과를 적용하십시오.

작업 3) "주문" 테이블의 '상품 이름' 필드를 제외한 모든 필드를 사용하는 데이터시트 하위 폼을 "상품 출력" 폼에 추가합니다. 하위 양식의 이름을 "상품별 주문자 확인"이라고 지정합니다. 모든 폼을 저장합니다.

작업 4) "공급자별 상품 정보" 폼에서 인쇄되는 양식의 행 간격을 "1.27cm"로 설정합니다.

호텔 예약 손님에 대한 데이터를 구성하고 요약하는 작업을 수행하는 중입니다.

작업 1) "호텔 예약" 쿼리에서 '침대 사이즈' 필드를 숨깁니다. 쿼리를 저장합니다.

작업 2) "호텔 예약" 쿼리에 '룸 비용'과 '서비스 비용'의 합계를 계산하는 "총비용"이라는 필드를 '서비스 비용' 필드 다음에 추가합니다. 쿼리를 저장합니다. 쿼리 실행은 선택 사항입니다.

작업 3) "예약" 테이블의 '룸' 필드를 기준으로 '서비스 비용' 필드의 평균값을 계산하는 단순 요약 쿼리를 만듭니다. 이 쿼리의 제목을 "평균 룸서비스 비용"으로 지정합니다. 쿼리 실행은 선택 사항입니다.

작업 4) 고객 테이블과 예약 테이블을 사용하여 '이름', '체크인 날짜', '체크아웃 날짜' 필드를 포함하는 쿼리를 만들고, 세 개 필드를 모두 오름차순으로 정렬합니다. 이 쿼리에서 "체크아웃"이라는 테이블을 만듭니다. 쿼리의 이름을 "렌트 가능"으로 저장합니다.

◇ 저자 소개

장소라(sora444@nate.com)
동명대학교

김문희(ivry009@nate.com)
동명대학교

핵심만 쏙! 실무에 딱!
한 권으로 끝내는 MOS Master
MOS 2016

2024년 8월 19일 1판 1쇄 인 쇄
2024년 8월 26일 1판 1쇄 발 행

지 은 이 : 장소라, 김문희 공저

펴 낸 이 : 박 정 태

펴 낸 곳 : **광 문 각**

10881
경기도 파주시 파주출판문화도시 광인사길 161
광문각 B/D 4층
등 록 : 1991. 5. 31 제12-484호
전 화(代) : 031-955-8787
팩 스 : 031-955-3730
E - mail : kwangmk7@hanmail.net
홈페이지 : www.kwangmoonkag.co.kr

ISBN : 979-11-93965-06-1 93560

값 : 16,000원

한국과학기술출판협회회원

본 도서는 강의용 교재로 제작하였기에 예제 답안은 제공되지 않습니다.
MOS 교재 실습 예제 파일은 광문각(kwangmk7@hanmail.net)으로 문의해 주시면 관련 파일을 제공해 드립니다.